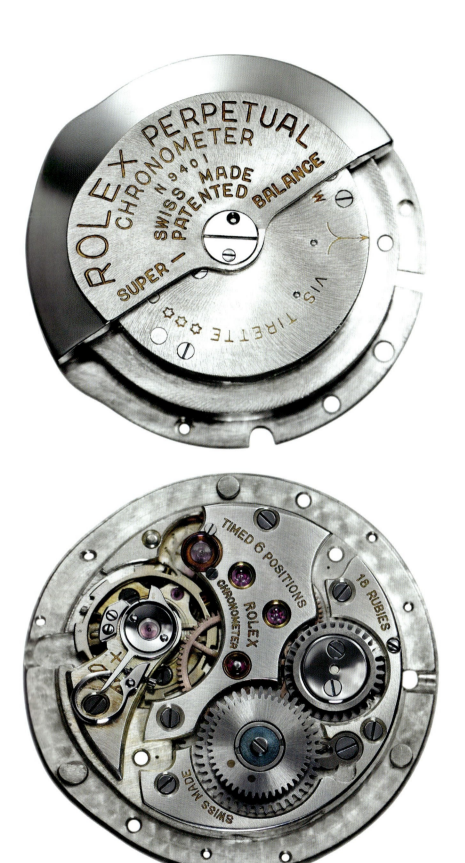

第一枚腕表自动机芯，
劳力士恒动摆陀机芯，
1931 年

OROLOGI DA POL

第一枚腕表自动机芯，
劳力士恒动摆陀机芯，
1931 年

OROLOGI DA POLSO

OROLOGI DA POLSO

腕表简史

时间机器的诞生和发展历史

［意］保罗·德·韦基

［意］阿尔贝托·乌列蒂　著

高鹏　译

广东人民出版社

·广州·

图书在版编目（ＣＩＰ）数据

腕表简史 / (意) 保罗·德·韦基, (意) 阿尔贝托·乌列蒂著 ; 高鹏译. -- 广州 : 广东人民出版社, 2025.7. -- ISBN 978-7-218-18258-2

Ⅰ. TH714.52

中国国家版本馆CIP数据核字第2025ZH1130号

著作权合同登记号　图字：19-2024-251

Original title: OROLOGI DA POLSO

© 2023 De Agostini Libri S.r.l.

Redazione: Via Mondadori 1, 200254 - Segrate (MI)

www.deagostinilibri.it

本书简体中文版专有版权经由中华版权服务有限公司授予北京创美时代国际文化传播有限公司。

WANBIAO JIANSHI

腕表简史

［意］保罗·德·韦基　　［意］阿尔贝托·乌列蒂　著

高鹏　译

出 版 人：肖风华

责任编辑：吴福顺

责任技编：吴彦斌　赖远军

出版发行：广东人民出版社

地　　址：广州市越秀区大沙头四马路10号（邮政编码：510199）

电　　话：（020）85716809（总编室）

传　　真：（020）83289585

网　　址：https://www.gdpph.com

印　　刷：北京中科印刷有限公司

开　　本：710毫米 × 1000毫米　　1/8

印　　张：38　　字　　数：326千

版　　次：2025年7月第1版

印　　次：2025年7月第1次印刷

定　　价：298.00元

如发现印装质量问题，影响阅读，请与出版社（020-87712513）联系调换。

售书热线：（020）87717307

劳力士 Cellini Moonphase 切利尼月相腕表
带有月相和指针式日期显示，自动上链，玫瑰金表壳

我们终于迎来了这本腕表之书的全新版本第五版。本书以腕表为焦点，为大家讲述了这枚时间机器的诞生和发展历史。

本书的开头部分展示了钟表在日常生活中的核心地位，尤其是对西方现代文明产生的社会影响，得益于越来越先进的工业化进程，计时工具正从钟楼走进家庭，再跃上腕间。

本书的中间部分专注于各大主要制表品牌，不论是制造技术，还是美学探索，都令人心潮澎湃。越来越多的爱好者和收藏家对腕表心驰神往，对腕表的热爱日益根深蒂固。各个品牌关注并跟随行业动态，多年来不断推陈出新，展现独特魅力。

本书囊括了 58 个知名制表品牌及其企业发展历史，其中大部分品牌时至今日仍活跃在市场上，这也印证了制表业的持久生命力。从 20 世纪初的开创，到五六十年代的完全成熟，从七八十年代石英的登场，再到 2000 年前后大众对机械腕表的热情回归，本书中所展示的精美腕表正是不断进步的技术与设计的见证者。

无论是就高级复杂的功能、别具特色的风格，还是就技术或设计的试验成果而言，众多的表款之中不乏响亮的名字——百达翡丽的 Calatrava 卡拉特拉瓦和 Nautilus 鹦鹉螺，爱彼的 Royal Oak 皇家橡树，卡地亚的 Santos 山度士和 Tank 坦克，劳力士的 GMT 格林尼治和 Submariner 潜航者。不能忘记的，当然还有色彩缤纷的斯沃琪，其创新的塑料和材质与坚硬的精钢和珍贵的黄金钻石形成鲜明的对比。

本书结尾部分的词汇表能够陪伴我们共同踏上这段漫长的时间之旅，更好地领略钟表的世界。

本次再版增加了 50 页的内容——包括 6 个全新章节以及上次再版的增加内容，与本书的第一版相比更加丰富——作者在本书中不仅更新了多个历史悠久的瑞士、德国或美国制表品牌的近期腕表佳作，还讲述了新生代品牌以及一些日本品牌有趣的最新故事。

目录 CONTENTS

从沙漏到石英

这幅马赛克嵌画中展示了日晷

漫长的发展之路

对人类来说，机械钟表的诞生是一个绝对的里程碑，也是人类得以企及的一个理想目标。在这个非凡的计时装置中，人们创造性的想象力、科学的研究、炉火纯青的技术和追寻探索的风格都得以充分体现。于西方文明而言，机械钟表所产生的影响堪与以下这些发明相提并论：15世纪的活字印刷术、工业时代的蒸汽机和电力、19世纪的电话、20世纪的计算机。机械钟表以势不可当之势进入了人们的日常生活中。从那以后，世界发生了改变，而时间作为"存在"的基本参数，其概念也发生了根本性的变化。作为至高无上且无可辩驳的计量单位，时间不

再依据环境和自然事件来确定，而是以分钟、小时、日、月的顺序规则来划分，这为人类生活打开了一个全新的世界，也从根本上影响着人类的活动，奠定了其成为城市文明样式的坚实基础。经过数个世纪的不断演变，这种时间体系已经成了现代社会的主导模式之一。因此，机械钟表是一个革命性的事物，其发展具有典型的人类学意义。而机械装置动能的完全自给自足，也是钟表的一个基本特性：它所需要的动能可以通过配重或发条这样的部件实现轻松上链，即使在夜间或者恶劣的天气情况下，也能让机芯持续运转。机械钟表的运行方式与先前的计时装置截然不同，它不似日晷和沙漏，完全依赖于光线或不断倾倒流淌的细沙。

玻璃和木结构沙漏，欧洲制作，18世纪

等高仪，一种古老的便携式仪器，用于计算太阳和其他行星的高度

在上个千禧年的中期，伴随着中世纪欧洲所有文化先进地区的建设性贡献，一个划时代的转折点出现了——塔式机械钟诞生，它不仅可以通过大钟面上的指针来显示时间，还丰富了教堂建筑和公共建筑。时间显示装置常常与声音感知装置相结合，两者之间相互作用，敲钟锤通过复杂装置和不同类型的钟来驱动，用声音信号的形式来提示社会生活中的事件，由教会或民间当权者管理。

便携式时计，大不列颠，17世纪

机械钟表不仅满足了人们对时间精确度和可靠性日益增长的需求，也促进了西方世界发展的与时俱进。不断改进的机芯具有巨大的技术发展潜力。在重要的创新中，最为突出的就是对机芯微型化的不断探索，这使得钟表愈加便携，时间从"广而告之"中摆脱出来，时间信息也开始转移到"私人"环境中。继走进家庭之后，钟表也进入了私人使用的领域，从最初的戴于颈上或置于专门的衣袋里，到19世纪的跃于手腕之上。腕表的出现为钟表的广泛普及作出了重大贡献。多年来，腕表的象征意义不断增加，逐渐超出了其原本的功能用途，上升到了作为一种身份地位的象征，成了个人品位和最新时尚流行趋势的标志之一，而这也已经是20世纪的事情了。

夜钟，意大利，17世纪

在指针的世界中，欧洲成了制表业的霸主，有伟大的科学家在侧，制表师们掀起了各种充满吸引力的原创性挑战，不断寻求应用技术的改进和钟表构造技术的完善。有时，灵感会在极致中迸发。活跃在罗马的工匠坎帕尼（Campani）兄弟，在17世纪时设计出了"夜钟"：表壳内有一盏小铜油灯，照亮带有时间刻度的旋转圆盘，让人在黑夜中也能够读取时间，且这些零件具有完全静音的传动装置，不会发出传统机械钟表的嘀嗒声。而这一切都旨在满足教皇亚历山大七世的需求，因其在夜晚难以入眠……这个充满惊险而又扣人心弦的故事，最初发生在意大利、德国、法国和英国，而在近代，瑞士显现出越来越重要的行业地位。如今，这块土地已成为制表业最

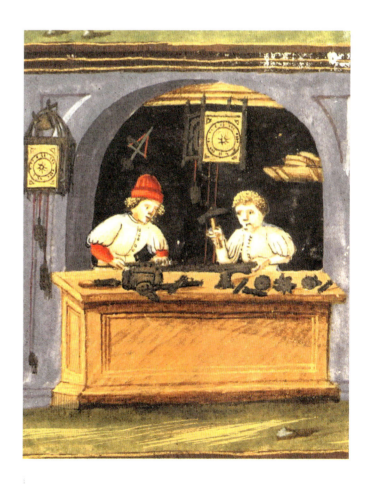

《天球论》的一幅微型画中的制表工坊，安布罗焦·德·普雷迪斯（Ambrogio De Predis）绘，1480年

灯笼钟，意大利，17 世纪

高质量和精密水平的代名词。这一传统，是源于一种真正的"构造奇迹"的成果，被许多无与伦比的美丽杰作所印证，已展现出其所有的潜能。这是一条真正的卓越非凡的生产链，人类的智慧才华不仅与其息息相关，同时也是该领域大获成功的重要因素，而创造力一直都在其中扮演着至关重要的角色。复杂的机械结构，抑或是纯粹的美学装饰都不重要，重要的是钟表仍存在于我们社会中，既保留了距今遥远的年代就已出现的原始机芯的相同架构，同时又从未来借鉴了新材料和前所未有的设计方案。那位第一个想到钟表这种迷人而奇妙时间工具、虽不知名却才华横溢巧匠的伟大发明，被这种特异性推向了新的高峰，也为时间的流逝赋予了神奇的维度。

台式钟，德国，16 世纪

时间机器的诞生

最早的机械钟可以追溯至中世纪早期。学者们一致认为，机械钟表的制造要归功于"修道院钟楼"。这是在整个欧洲的修道院中所使用的原始装置，通过钟声来传递教徒一天中不同祈祷或工作时间的信号

天文钟，布拉格，15 世纪

（正如著名的本笃会教规中所说的"祈祷和劳作"）。这个装置不仅是时钟，而且是如同沙漏或日晷一般的计时器。然而修道院钟楼最大的优点是，它的钟是一种虽简陋但却能真正运行的机械装置。即使如此，在公元1000 年左右，在修道院严苛的生活之外，人们开始感觉到需要一种帮助人们组织规划日益复杂的社会生活的工具。正是出于这个原因，最早出现的真正的时钟是公共时钟（后来才成为私人物品）：巨大的尺寸，置于塔楼或钟楼之上，这样即使在远处的城市街道和城郊的乡村，也能够看到时间并听到钟声。塔钟，完全符合当时的社会需求。由于一切安排都取决于地方的当权者，因此，从实践和象征意义的角度来看，时间被安置于代表权力的建筑之上是合情合理的。在中欧的一些国家，公共时钟是权力争夺的重要地点。

据文献记载，历史学家们大胆地推测了这些教堂的建造时间：1258 年，沙特尔大教堂（法国）；1282 年，埃克塞特大教堂（英国）；1286 年，伦敦圣保罗大教堂（英国）；1292 年，坎特伯雷大教堂（英国）和桑斯大教堂（法国）；1306 年，米兰圣欧斯托焦圣殿（意大利）。在当时，这些非凡的机械的出现，象征着一座城市的力量。外部构造是一个大型的铁质框架，由一系列齿轮来带动运行，齿轮与指针和鸣响相连，由配重的牵引力来移动。在万有引力定律下这种力是"恒动"的，而且还可以加入一种节奏，以某种方式来代表时间的测量单位（也就是人们口中的"嘀嗒"声）：出于这个目的，名为"擒纵机构"和"调速机构"的装置出现了，它们能够将重力驱动力产生的连续运动转变为间歇运动。令人惊叹的是，直至今日机械钟表的运行原理从未改变。钟表的演变集中体现在材质的不断改进、各个部件尺寸的不断缩小，以及由金属发条驱动力替代重力驱动力上。重要的一步，就是将钟楼顶的表盘摘下置于室内，再装进西装背心的口袋，最后系在手腕上。

将时间机器变为"家用"，这可不仅是一个技术问题，还代表了一种全新思想的开始，更直接带来了 15 世纪欧洲的社会和经济变革。关键原因就是"私人"概念以不可阻挡之势发展。在房屋、店铺或公共场所的墙壁上，就能够知晓时间，这具有历史性的意义。对于今天来说无法容忍的误差，在大约 500 年前是可以理解的。人们不再依

精美的镀金青铜钟，德国，17 世纪

赖于"公共"时间，或通过对自然现象的经验性观测来感知时间，这一事实无疑促进了我们通往今天所了解的（前、后）工业文明社会的道路。然而，从技术角度来看，最早期的家用钟表只是钟楼上那些"大家伙"的缩小版。三面开放的金属框架和第四面的黄铜表盘就是它们的构造；通常顶端还覆有一个铃铛——铃锤敲打铃铛报时。最早的制造可以追溯至 15 世纪的德国和英国，分别被称为"哥特钟"和"灯笼钟"，后者因其外形而得名。通过配重的重力作用运行——因此，这些钟表被钩子挂在墙壁上或者置于壁炉上。

在一幅归属于史特拉丹奴斯（Stradanus）的版画中的一家佛兰德斯制表工坊，16 世纪

重锤式"灯笼钟"，意大利，16 世纪

家用时计

胡桃木座式摆钟，那不勒斯，18世纪

时间迈向"私人"使用（当然，当时的发明还无法将"时间"佩戴在身上）的关键一步是用一种更为先进的动力形式替代重力驱动力（虽然有效，但是不便且笨重）。这一创新名为"发条"。将敲打过的黄铜制成的薄片（后来使用回火处理过的钢替代）置于一个专门的圆柱形容器内（发条盒），围绕一个固定元件缠绕（配有一个上弦钥匙），在逐渐松开时产生机械动力。字面意义上的质量减轻了，而钟表制造者们（与同行相比更具能力和才华的铁匠）自然而然地就被允许想象这种时间工具的个人"便携性"，而这个方向所蕴含的意义要比简单地从建筑物中的一个房间移动到另一个房间的"可运输性"大得多。文献中记载的最古老的发条钟（很可能由一款重力式钟表改造而成）可追溯至1450年的德国（奥格斯堡和纽伦堡是最大的生产中心）和法国（在佛兰德斯地区和勃艮第）出现的最早家用钟表。钟表的全新用途也推动了其外观美学的革新：限制尺寸，使用其他表盘或装饰性饰面，机械装置完全封闭隐藏在内部，全新的放置位置——桌子、家具或壁炉之上。最常见的外形有"龛形"和"鼓形"（具有圆形底座和水平表盘），还有六边形或方形底座的平行六面体形。对于便携式制表的发展而言，发条是理想的解决方案；然而，在理论上可以完美运作的事物，在实践应用中却

不甚理想。实际上，发条有一个致命的缺陷，在初期速度很快，到了后期却非常缓慢。当时的工匠缺乏对材料的完全掌握，使得事情变得愈加复杂，因为这与恒动动力的需求完全背道而驰。随着一个真正的调速机构（最常见的是类锥体和均力轮）的出现，这个关键问题得以

带鸟鸣的笼形时钟，皮埃尔·雅克德罗（Pierre Jaquet-Droz），1785 年

解决：将调速机构连接到发条盒上，确保发条动力的均匀分配。这时我们可以说，一旦成功解决各种部件微型化的所有问题，钟表就具备了真正便携性的所有条件。因此，就有了女士们的珍贵吊坠表和男士的怀表。当然，这并不意味着之前对"固定式"钟表所进行的研究都被放弃了。简而言之，这两种类型的钟表从某一个时刻起，走上了两条平行的道路，每一条道路都在时间的测量技术和美学表现上取得了巨大的成果。

镀金黄铜台式摆钟，法国，19世纪

精益求"精"

　　在 17 世纪的意大利和荷兰，诞生了一项最引人注目也最为重要的创新，它与获得更高的制表精度紧密相关——发明了钟摆调速机构。意大利天文学家伽利略（Galileo Galilei）发现垂悬在铅垂线上的物体的振荡具有等时性，就对此进行了研究，之后这一理论得以在制表中应用。伽利略在 1637 年、荷兰数学家克里斯蒂安·惠更斯（Christiaan Huygens）在 1656 年都曾设想过使用钟摆摆动的精确对称性来标记时间。从那时开始，发条上链和钟摆调速替代了配重上链和摆轮调速，新一代的时间测量工具由此诞生，它们和以往的钟表相比，精确度大幅提升，误差立竿见影地从原来的每天 15 ~ 30 分钟减小到每天 30 秒。因此，直至 19 世纪末期，种类繁多的摆式台钟和落地钟开始在欧洲各地盛行。

L'Esprit des Cabinotiers 台钟，
集江诗丹顿所有制表精华于一身，2005 年为庆祝品牌成立 250 周年制作的孤品

特殊的篇章

　　这是一个关于精度研究的特殊篇章，其主角就是对经度的探索。17 世纪初期至 18 世纪上半叶最强大的航海国：第一梯队是英国和西班牙，紧随其后的是法国、荷兰、意大利（热那亚和威尼斯）。为了计算航行路线，必须准确地定位纬度和经度，这一问题至关重要。第一个测量值计算起来非常简单，即赤道以北或以南的位置；然而计算第二个测量值（即计算相对于参照的子午线以东或以北的位置）时，问题就出现了。在那个年代，远洋航海不仅能够发现新大陆，还是财富与权利的来源，因此，准确定位经度至关重要，举例来说，在赤道上仅一度的误差就会使一艘船偏离航线超过 100 公里。在海军高级将领中有一个最为普遍的观点：只要在船上配备一只时计，能够准确计算出参考子午线时间与当地时间的时间差，就有可能准确地计算出经度。在这场激动人心的赌注中，英国人大获全胜，这都要归功于制表师约翰·哈里森（John Harrison）的天赋才能，让他能够与当时最优秀的人才竞争（最终于 1759 年完成），一同参与制作的还有他的同胞阿诺德（Arnold）和恩肖（Earnshaw），瑞士出生的法国人勒罗伊（Le Roy）和费迪南德·贝索德（Ferdinand Berthoud）以及荷兰人惠更斯（Huygens）。英国海军变得如此强大的原因之一正是配备了如此卓越的航海时计。尽管如此，船只的晃动

以镜面方式制作的一对饰有彩色珐琅的便携式时计的，瑞士，18 世纪

还是会给钟摆调速机构带来严重的影响。实际上，后来最为成功的航海钟当属"航海天文钟"，在 18 世纪下半叶，由英国制表师托马斯·恩肖（Thomas Earnshaw）爵士完成：具有一个摆轮调速机构，表盘跳秒，动力剩余时间显示，特别配备一个黄铜（耐腐蚀）表盘的万向节，即使在船只摇晃和颠簸时，也能让表盘保持水平。装在桃花心木或黄铜材质的保护匣中的航海精密时计一直在不断改进，卫星定位出现之前，它一直是航行的必备之物。

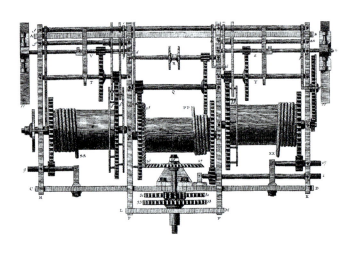

《百科全书》中一张带有制表机械部件的插图，1765 年

发明与创新

另一个推动现代制表走向重要演变时刻的，是阿伯拉罕－路易·宝玑（Abraham-Louis Breguet）（1747—1823），他绝对是天资卓绝和最多产的时计制造者。他来自法国的新教徒家庭，出生于瑞士纳沙泰尔（Neuchâtel），在凡尔赛完成了自己的学徒生涯之后，1775 年，在巴黎的 Quai de l'Horloge（钟表堤岸）开设了自己的制表工坊。他的企业员工超百人，其中不乏一流的工匠和科学家。阿伯拉罕－路易·宝玑不仅是一名制表工艺大师，同时还是位具有个人风格的开创者，他在整个制表历史中享有独一无二的声誉，这一切都归功于他所制作的时计具备的卓越性和独创性，他的作品具有大胆的机械复杂功能，既严谨又富有想象力，表壳和表盘富有极致美感。当时全欧洲的皇室、贵族、富豪、高官都是宝玑的顾客，而他们也成为宝玑尊贵的代言人。威灵顿公爵和拿破仑都是宝玑钟表的忠实拥趸。阿伯拉罕－路易·宝玑所实现的发明和改进，不论在工艺上还是美学上，都堪称真正的卓越非凡，笔者在这里一一道来：永动钟表自动上链，使用红宝石减少机械件之间的摩擦；对三问报时功能进行决定性改进；使用摆轮调速机构陀飞轮，抵消钟表在日常使用时因位差而导致的运行误差；表盘以"玑镂"为特色，装饰工艺完全由手工制作完成，将各种显示和谐地分布于表盘之上；指针也经过特殊研究，以镂空偏心"月形"针尖为特色；表壳如金银首饰般精美，表壳边缘则是标志性的 cannelé 凹槽饰纹。宝玑的标志性特点，即使是在品牌所制作的腕表中也基本保持不变，传承了宝玑之名和宝玑之传统。

便携式钟表，黄金材质、多彩珐琅，
瑞士，19 世纪

越来越便携

提起阿伯拉罕–路易·宝玑的名字，就会让人想起另一个非常有趣的钟表类别，在关于时计的浩瀚文献中，有其一席之地。出于奇特的惯例，这些特殊的钟表被收藏家和制表从业者称为"军官摆钟"或是"旅行摆钟"，虽然让这种钟表运行的是摆轮调速机构，而非钟摆。这些钟表的诞生是宝玑先生另一个绝妙想法的成果，在实践中，他发明了一个全新且极为有用的时计类型，最重要的是便于携带（装于专门的软垫保护匣内），尺寸更小，并且拥有最复杂考究的台式钟的所有工艺功能（多种鸣响，八日上链，闹铃）。这些钟表全部采用镀金黄铜制造，侧面为玻璃，能够看到内部的机械装置；通常采用立方形或近圆形的表壳，并且总是配备一个提手。因在拿破仑战争期间，被众多法国高级军官所使用而得名。值得一提的是，从年代上看，在此之前也出现过其他的旅行用时计，但是其特性和特征与"军官摆钟"大相径庭。它们的名字"马车钟"，更具有迷惑性，通常认为其多在贵族或高级教士的旅行途中使用，但考虑到数世纪以前的旅行条件，这完全是不可

能的。它们的外形直接源自腕表，但是大尺寸表壳通常使用加工过的银来制作，这些钟表之所以以此为名，是因为其设计目的是使其便于放在专门的木质或珍贵皮革的保护匣中运输。同时，它们还极具装饰性，并具有操控式多种鸣响，在旅行结束之后，仍可以被贵族主人在外出时所使用。

怀表，黄金与珍珠材质，
瑞士，18 世纪

带保护匣的马车钟，欧洲制造，
17 世纪

制表业的胜利

便携式时计,带日历、月相和动力储存显示,阿伯拉罕-路易·宝玑,19世纪

便携式时计,黄金材质,带万年历功能,爱彼

19世纪,怀表有着不可撼动的地位,而腕表以怀表为跳板,在20世纪成为超凡卓越的新生事物。这并非偶然,在腕表的最早期实验中,只是适合于系在左臂上的背心式时计;但在属于怀表的时代中,怀表已成为极其普及的时计。既是因为时计在日常生活中的不可或缺,也是因为怀表已经以真正的制表产业化进行生产,这既确保了量化的制作,也带来了多样化的价格。

视线从"制表精英"的背景上移开,会发现钟表的产地也发生了变化:英国、法国、德国和意大利逐渐衰落,而美国等国,尤其是瑞士却在崛起。瑞士在制作钟表的质量和数量方面占据上风,当怀表最终退居腕表之后时,这种优势也被进一步证实。也正是在这一时期,瑞士品牌就已开始了制表。直至今日,其中一些品牌依旧活跃在市场上,或是一直沿着成功之路前行,如江诗丹顿:1755年成立于日内瓦,这家历史悠久的制表厂从未中断过其制表业务。然而,将怀表从西装背心中取出,置于快速走向"现代化"社会的男男女女的手腕之上,这条道路只能由一系列的工艺和风格创新组成,别无他法。在最为重要的创新中,就有上链表冠的发明——百达翡丽,瑞士制表界另一个历史悠久的名字。当时正值19世纪下半叶,这向前迈进的一步,使专用上链钥匙退出了历史舞台,同时也预示着以腕表为代表的下一次伟大革命的到来。

一种类型的钟表,在某种意义上,因20世纪更加全新而活跃的生活方式而盛行,或者说被青睐。然而,千万

举世闻名的"玛丽·安托瓦内特"怀表,阿伯拉罕-路易·宝玑,1783—1827年

不要低估其对时尚的直接影响,正是在那个年代,人们摒弃了如古董般的过时旧服,而纷纷换上新衣。

"Souscription"预订怀表,已简化,仅有时针,阿伯拉罕-路易·宝玑,18世纪

现代化的时代

航海天文钟，带有木壳和万向节，伦敦，1858 年

1900 年，一切都变了。火车、飞机、远洋游轮和汽车相继出现，怀表成为古董。就腕表是如何诞生的，有一些非常有趣的理论，尽管其诞生时间无从考证，但人们对其的不同需求推动了这一划时代替代品的问世。一些学者认为，这一切都可能源于一位不知名的保姆，她发现用一根丝带将表系在腕上，远比让它危险地垂挂在上衣上更加合适。这一假设同样获得了男士们的认同，GP 芝柏表以及欧米茄和依百克都曾收到来自官员的需求，从中即可看到腕表的起源：作为不可或缺的时间工具，在现代战争中不允许他们在口袋中摸索才能拿出表看时间，而是更倾向于一枚紧系于腕上能够快速读时的表。名流人士也有同样的需求，大约在 1904 年，路易·卡地亚（Louis Cartier）的好友——飞行先驱阿尔伯特·山度士－杜蒙（Alberto Santos-Dumont），提出想要一枚非常优雅且易于读时的腕表。无论如何，我们都可以从中清楚地看出，

腕表的必要条件既包含了"功能性"的概念，同时还具有"珠宝"的装饰作用。而历史记载中的第一款腕表专为女士打造：时间在 1868 年，由匈牙利伯爵夫人 Koscowicz 委托百达翡丽为自己量身定做，这件由百达翡丽创作的作品采用隐藏式表盘，搭配一条黄金钻石手链。就装饰工艺而言，制表传统已有数百年的历史，从金属到宝石加工，从珐琅到雕刻，腕表在装饰工艺的优雅与实践之路上，仍需探索。若要将一块怀表变成一枚腕表（增加焊接在表壳上的蹬形支架来连接表带），只将上链和调时表冠从 12 点钟位置移至 3 点钟位置远远不够。随之而来的还有对工艺和风格的不懈创新，"瑞士制造"的主要制表企业都投身其中。在 20 世纪初期，卡地亚在 Santos 和 Tank 腕表中采用的非圆形表壳设计大放异彩，开创了"异形表"的先河，这两个系列腕表的当代版本仍在生产中。1931 年，积家用于保护表盘的可滑动翻转表壳获得专利，同时也在寻找创造历史的美学解决方案。早在 1929 年，积家就以极

积家 Atmos 空气钟的众多变体之一，基于让－雷恩·路特（Jean-Léon Reutter）的专利

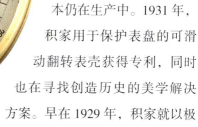

利弗勒（Riefler）规范指针表盘精密钟表，德国，1922 年

欧米茄 Speedmaster 超霸专业计时码表，精钢材质，作为众多太空任务装备的一部分，瑞士，1957 年

致纤小的仅有两法分（重量仅有 1 克，尺寸仅为 4.85 × 14 毫米）的机芯令世人惊叹，这款机芯非常适合于制作精美的珠宝腕表。百达翡丽 1932 年的 Calatrava 腕表，极致优雅，彰显贵族气质，立即成为经典之作。劳力士仅在成立数年之后就成为前卫的运动腕表品牌，于 1926 年开发出第一代蚝式腕表，其表壳的防水性是其前所未有的独特优势。防水性能和自动上链系统的改进（继 Harwood、Rolls 和 Wig-Wag 的实验之后，1931 年诞生了装配双向中央摆陀的恒动系统），奠定了劳力士"现代化"的首要地位。1950 年见证了经典表款的盛行，与此同时，已经在 19 世纪怀表制造中经受验证的机械"复杂功能"也回归到腕表当中。1960 年和接下来的十年见证了伯爵的巅峰，其精致考究的超薄男士腕表和女士表款，犹如真正的巴洛克腕上雕塑。这也是太空探索的年代，百年灵的 Cosmonaute 宇航员计时码表和欧米茄的 Speedmaster 超霸专业计时码表成为 NASA 宇

劳力士蚝式恒动海使型潜水计时码表，精钢表壳和表链，瑞士，约 1980 年

航员的官方装备。科学幻想成为现实，在这令人振奋的激情中，开发在当时无法想象的技术与设计成为热潮。之后就是美国制造的早期电池动力腕表登场的时刻：拥有不规则表壳的汉米尔顿 Ventura 探险腕表，能够透过表盘看到冲压电路的宝路华 Accutron 臻创腕表，具有弧形表壳和数字显示表盘的汉米尔顿 Pulsar 腕表。

自 1970 年后，历史又翻开了新的一页：石英电子机芯的出现，以及"日本制造"开辟的全新经济阵线，一度使瑞士制表业陷入

积家翻转腕表，精钢双表盘，瑞士，1933 年

困境。直至 1983 年斯沃琪（Swatch，是 Swiss Watch 瑞士手表的缩写）手表的问世带来了新的信号，缤纷的设计和高技术含量标志着对腕表的理解和收藏的一种全新方式。下一个前沿以腕上工具为代表，腕表将如同真正的终端，作为便携式电话、数据库、个人计算机或卫星导航仪，身兼数职。我们已经

百达翡丽 Calatrava 腕表，黄金表壳，约 1930 年

预测到未来，所有 20 世纪的制表都已经成为收藏品。

卡地亚 Santos 100 自动腕表，精钢材质，该表款问世 100 周年纪念款，2004 年

"一大把"斯沃琪手表，基于塑料材质和电子技术使用的制表业创新

机械表的复兴

20 世纪 80 年代末期，伴随着制表产业欣欣向荣的发展和对未来的展望，瑞士制表界对刚刚发生的事情做出了强烈的反应。美国石英，尤其是日本石英技术的出现，令整个制表产业摇摇欲坠，以斯沃琪为代表的瑞士制表业做出了反击，不仅是其产品能够与之抗衡，还为陷入绝境的制表企业带来了生机。鼓起勇气，再次投身于时

冠蓝狮 Heritage Collection 复古系列自动腕表，精钢材质，高频机芯（36000 次／小时），该日本品牌 60 周年纪念款，限量 1500 枚，2020 年

百年灵 Chronomat B01 42 自动计时码表，精钢材质，附天文台证书，2020 年

伯爵 Altiplano 至臻超薄腕表，白金材质，表壳可见超薄自动机芯（厚度仅 3 毫米），2013 年

Heuer Carrera 豪雅卡莱拉，精钢材质自动计时码表，原型表款的泰格豪雅复刻版，品牌 160 周年纪念款，限量 1860 枚，2020 年

宝格丽 Octo Finissimo 自动腕表，精钢材质超薄表壳（厚度仅 6.4 毫米），一体式表链，2020 年

帝舵 Black Bay Fifty-Eight 碧湾 1958 型腕表，"深海蓝"，精钢材质自动计时码表，"提花"针织表带，防水深度 200 米，2020 年

间测量的传统技术，这是"瑞士制造"真正的伟大遗产。时至今日，其成果世人有目共睹。这是真正的"机械表的复兴"，带来了全新表款的问世，带来了古董表款的复刻，也带来了新制表厂的建造。然而，耐人寻味的是，"日本制造"的一部分如今"转化"成了制表工业的原始技术。

Richard Mille 理查米尔 RM 11-05 腕表，金属陶瓷（一种金属材料和陶瓷的复合物）表壳，钛金材质自动机芯，带双时区，飞返计时码表，带年历显示，2020 年

劳力士位于瑞士德语区比尔的生产基地和大楼的一瞥，在这里专门打造自制机芯（右图中为4130 机芯，迪通拿型），2012 年

百达翡丽位于日内瓦的普朗莱乌特（Plan-les-Ouates）的全新制表大楼落成，专门打造了特别系列的 Calatrava 钢制腕表庆祝，限量 1000 枚，2020 年

品牌

Lange 1A

大日历显示，小时和分钟显示偏心式
排列，表壳、表盘和部分机械部件为
黄金材质，限量 100 枚，1998 年

朗格出身高贵且拥有卓越技
艺传统的萨克森制表工艺，
在遭受第二次世界大战的影
响和随之而来的德国分裂之
后，终于在 20 世纪 90 年代
大放异彩。

朗格 A. Lange & Söhne

谈及朗格这个诞生于德国的著名制表企业的历史，时间将我们带回萨克森王国，特别是首都德累斯顿从奥古斯特鼎盛时期开始的黄金时代，在 17 世纪末期，朗格为宫廷带来了精致的品位以及对艺术和科学的热情。这一富有生命力且充满创造力的环境一直持续到 19 世纪，当时的萨克森人才辈出，诞生了一代制表师，其中就包括约翰·克里斯蒂安·弗里德里希·古特凯斯（Johann Christian Friedrich Gutkaes）和费尔迪南多·阿道夫·朗

朗格大楼旧址

Tourbillon Pour le Mérite

手动上链陀飞轮腕表，动力储存显示，黄金表壳，限量发行铂金款 50 枚、黄金款 150 枚、精钢款 1 枚，1994 年

Langematik Perpetual

万年历腕表，大日历窗口显示，自动上链，黄金表壳

1815 Up and Down

配备动力储存显示，玫瑰金表壳，鳄鱼皮表带

Langematik

自动上链，大日历显示，黄金表壳，针状时标

21

格（Ferdinand Adolph Lange）。费尔迪南多·阿道夫·朗格先是师从古特凯斯，随后在以精密时计制造质量著称的华纳尔（Winnerl）巴黎制表工坊学习，最后开始了他的创业生涯。1845年，为了克服厄尔士山脉地区当时的危机，朗格在该地区中心的格拉苏蒂小镇建立了一个专门教授制表技艺的制表工坊。得益于从内政部获得的贷款，朗格开启了他的冒险之旅，以高水平的精湛技艺打响了品牌知名度。朗格保留了家族经营模式：1868年创始人之子理查德（Richard）进入公司，标志着 A. Lange & Söhne 的诞生，三年后理查德的弟弟埃米·朗格（Emil Lange）也加入了家族事业。

Double Split

双追针计时码表（计时秒针和计时分针均配备追针功能），手动上链，铂金表壳

大约在1930年，朗格开始生产腕表，但品牌的历史却在1945年戛然而止。5月8日，朗格制表工坊的主楼在轰炸中化为乌有，而这只是朗格随后发生的众多不幸事件的开端。1948年，公司被国有化，随后被合并为国有的"格拉苏蒂人民表厂"，朗格的制表精英身份荡然无存。

君特·布吕莱恩

Lange 1 Tourbillon

手动上链陀飞轮腕表，大日历显示，动力储备显示，铂金表壳，限量发行铂金款150枚、玫瑰金款250枚，2000年

Datograph

手动上链计时腕表，铂金表壳，鳄鱼皮表带

Anniversary Langematik

自动上链腕表，铂金表壳和珐琅表盘，限量500枚，2000年
下图：表盘细节

1990 年 12 月 7 日，在经过了被遗忘的悲伤的 40 年之后，瓦尔特·朗格（Walter Lange）这位格拉苏蒂制表家族的第四代传人，在君特·布吕莱恩

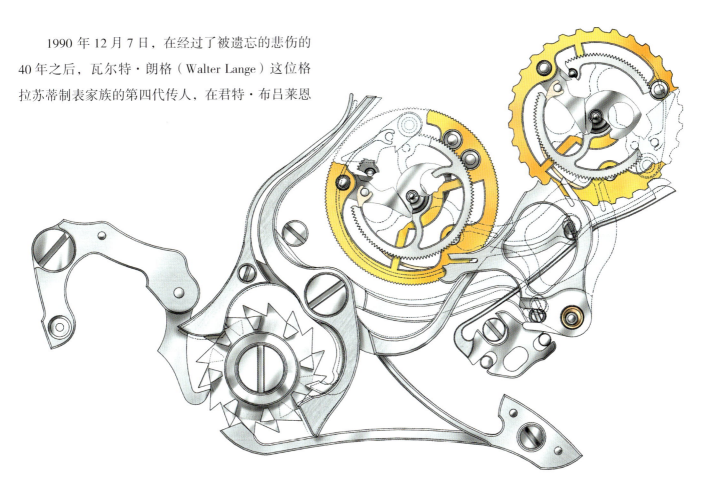

朗格 Double Split 的双分离指针装置的设计图纸，构造复杂的计时腕表

下图：朗格 Lange L001.1 机芯，Double Split 的手动上链系统，由 465 个元件构成

（Günter Blümlein）的帮助下，东山再起。君特这位富有远见卓识的曼内斯曼（Mannesmann）集团钟表部曾经的负责人，使朗格品牌的故事得以重续，自 2000 年起，朗格成为跨国奢侈品公司历峰（Richemont）集团的一员。朗格品牌重建四年后，Lange 1 问世，狂热的公众喜迎德国制表工艺的回归，新表款大获成功。其他的杰作也接踵而至：Tourbillon Pour le Mérite（陀飞轮"荣誉勋章"），一款非常独特的腕表，配备有源自航海的精密时计及珍贵怀表的芝麻链系统；Langematik，配备自动上链系统，黄金和铂金材质转轮；计时腕表 Datograph 和万年历腕表 Langematik Perpetual，具有超凡脱俗的美感和品质；还有双追针计时码表 Double Split。

技术性能不断精进：在 Tourbograph 和其他表款如 Pour le Mérite 系列腕表上应用的恒动上链装置，均采用了芝麻链传动系统。Lange 1 为自动机械款，并配备第二时区显示功能，表盘外圈具有一个圆盘，显示全球划分的 24 个时区的参考城市。

Richard Lange Pour le Mérite
品牌成立 165 周年纪念表款，铂金表壳，蓝宝石水晶表底，手动上链机芯，限量 50 枚

Lange 31
手动上链腕表，双发条，31 天动力储存显示，小秒针和日期显示，46 毫米直径铂金表壳

Lange Zeitwerk Striking Time
白金材质手动上链腕表，小时和分钟"跳字"显示，动力储存显示，在整点和刻钟鸣响报时

Tourbograph Pour le Mérite

分离式计时码表，配备手动上链陀飞轮，通过恒动链条和螺丝实现特殊运转，蜂蜜金色表壳，"Homage to F.A. Lange"基金会成立 165 周年纪念款，限量 50 枚

Cabaret Tourbillon

玫瑰金材质，手动上链机芯，由 373 个元件组成（陀飞轮笼架包含 84 个元件），小秒针和日期显示，120 小时动力储存

朗格于 2009 年面世的 Zeitwerk 腕表，以及随后推出的多款贵金属表壳的腕表，惊艳众人，顶级腕表爱好者也为之倾倒。通过复杂的机械系统，表盘上的双窗口显示小时和分钟，小时位于左侧，分钟位于其对称位置。这款腕表将原本剧院中显示演出或歌剧表演开始的巨大时钟，通过数字显示的方式，呈现在那些"德国制造"的新征程计时器青睐者的腕间。

爱彼是瑞士最著名的品牌之一，也是少数拥有独立制表能力的品牌之一。它以制造复杂怀表和腕表的能力声名鹊起，独具高超的技术与魅力。自 1972 年以来，Royal Oak 皇家橡树系列便占据着奢华运动腕表的顶峰，成为行业标杆。

爱彼 Audemars Piguet

1875 年，爱彼诞生于汝拉山谷的布拉苏丝，这源于爱德华·奥古斯特·彼格（Edward Auguste Piguet）和朱尔斯·路易斯·爱德玛（Jules Louis Audemars）的相遇，二人分别以 10000 瑞士法郎和 18 枚机械机芯，共同开启了公司的篇章。1882 年，他们注册了 "Audemars Piguet & Cie" 商标：朱尔斯负责生产，爱德华则负责商业业务，品牌专注于制造超薄和复杂功能的钟表。19 世纪末，高级复杂功能怀表 Grande Complication 问世，兼具万年历、三问、月相和追针计时功能。七年之后，爱彼在巴黎的万国博览会亮相，声名大噪，这次成功为品牌的不断扩张奠定了基础，随后爱德华·彼格先后在伦敦、柏林、纽约、巴黎和布宜诺斯艾利斯开设了精品店。

20 世纪初期，新工厂落成，爱彼继续沿着其研究和实验的道路前行，特别致力于三问报时功能的改进：仅在几年之后，第一款三问报时腕表就问世了，它拥有世界上最小的三问机芯，直径仅为 15.8 毫米。1924 年，爱彼推出了两款极具创新性的腕表：带有月相功能的 Calendario Completo 腕表，以数字形式显示小时和中央指针显示分钟的 Saltarello 腕表。工艺精湛和极致优雅的手动上链计时腕表及数款特殊表款，成为品牌制表的中流砥柱，也成为品牌基因的一部分。而 Squelette 系列就是这样一个例子，以精美的机械美学作为装饰：元件（桥板和齿轮）作为纯粹的装饰，其机械结构被表现到极致；表壳无与伦比的精心设计，对钟表本身，特

位于布拉苏丝的爱彼总部

开篇：

Ore Universali
手动上链腕表，"世界时间"显示，黄金表壳，制造于品牌在日内瓦设立精品店时期，约 1940 年
左上角：机芯

Ripetizione Minuti
三问报时腕表，手动上链，黄金和白金表壳，私人订制款，在表盘上有其主人的名字，John Shaeffer，1907 年

别是超薄机芯，作以美学解读和诠释。与 1946 年 ML 系列 1.64 毫米厚度的手动上链机芯 9 相比肩的，是 20 世纪 60 年代问世的 21K 金中央摆陀的 AP2120 机芯（总厚度 2.45 毫米）。三年后，具有相同机制的带日期窗口版本，在原有机芯的基础上仅增加了 0.60 毫米的厚度。

在乔治·戈莱（Georges Golay）这位兼收并蓄的爱彼首席执行官的带领下，品牌的标志性腕表——Royal Oak 皇家橡树诞生了。"本世纪的最佳设计之一，很可能也是下个世纪的最佳之一。"这句 20 世纪 90 年代的广告语，完美地道出了这款腕表的创新实力。这款腕表的诞生也开创了时计界的一个新品类——运动腕表。出自设计师杰罗·尊达（Gérald Genta）之手的经典隽永的 Royal Oak 皇家橡树系列腕表，从战舰舷窗的锁闭系统获得灵感，确保了表壳的防水密封性能。该款表具有两个扁平的垫圈，一个位于表圈和中壳之间，另一个位于中壳和底盖之间：五

Piccoli Secondi

手动上链腕表，黄金表壳，特殊形状表耳，约 1920 年

Calendario Completo

手动上链腕表，三重日历显示，白金表壳，约 1920 年

Squelette

带有精细镂空工艺的手动上链腕表，黄金表壳，1953 年

层由八个完全穿透表体的螺丝固定。表圈与底盖同为八角形，跃于与表链融为一体的六边形表壳之上，棱角分明，颠覆了传统成规。伴随着高昂的价格，Royal Oak 皇家橡树一举成为当时世界上最昂贵的精钢腕表，并成为身份的象征。皇家橡树系列腕表一直在发展壮大，推出了金属材质的多个不同版本，在表壳内承载了各种类型的复杂功能，无疑成为该品牌在销售和品牌形象方面最成功的产品。

随着 1978 年推出自动万年历（随后也应用于皇家橡树系列），传统制表业一直沿着创新和独特之路继续前行，为公众重新发现这一被遗忘已久的产业做出了决定性的贡献。1992 年属于 Triple Complication 系列腕表，而 1993 年皇家橡树离岸型版本的推出，开创了"系列中的系列"：首次亮相的计时码表以豪迈的尺寸将经典的皇家橡树的设计推向了极致，更加强调了其运动内涵。离岸型系列

Design

手动上链腕表，黄金表壳，
缎面宽表圈，约 1950 年

Tourbillon

自动上链陀飞轮腕表，黄金
表壳，有史以来第一款自动
陀飞轮腕表，1986 年

Star Wheel

自动上链腕表，黄金表壳，数字转
盘显示小时，弧形刻度区显示分钟，
1991 年

在公众中获得了强烈的反响，也受到体育界杰出运动
员们的青睐。1996 年，是高级复杂功能腕表 Grande
Complication 之年。该款腕表采用 42 毫米直径的圆形
表壳，内部搭载 AP2887 机芯，这款机芯由 600 个元件
组成，经爱彼的技术工匠精细组装，兼具万年历、三
问报时和追针计时码表功能。因其超高的制造难度，
这款杰作年产仅 5 枚。

Disco Volante

手动上链腕表，"巴黎饰钉"
表圈，黄金表壳，约 1990 年

Cronografo

手动上链腕表，黄金表壳，
约 1940 年

Cronografo Calendario Completo

手动上链腕表，白金和黄金表壳，
约 1940 年

在品牌的最新系列中，备受关注的毫无疑问是向品牌创始人致敬的 Jules Audemars 系列：优雅浑圆的表壳，配备复杂功能——时间等式、万年历、三问报时和陀飞轮计时码表，与采用曲面矩形表壳的 Edward Piguet 系列形成鲜明对比——卓越技术与繁复工艺的主角。在品牌成立 125 周年之际，爱彼致力于宣传和举办特别活动：125 款历史表款于世界主要首都展出，在纽约佳士得举办慈善拍卖会，与此同时还发布了纪念表款，如 1991 年 Star Wheel 的复刻版本，通过转盘上的小时显示和刻有六十分钟刻度的弧形刻度区来读取时间。

为了庆祝皇家橡树系列诞生 30 周年，得益于爱彼与 Renaud & Papi——一家专门制造复杂机芯的小型机芯厂的协作，由爱彼控股，推出了 Concept Royal Oak 皇家橡树概念系列，表壳设计前卫，为 alacrite 602 合金材质——一种用于航空领域的合金，由钴和铬制成，极其坚硬耐用；表圈为钛材质，防水深度达 500 米。在手动上链机构中，除了陀飞轮外还具有测力计功能，还通过发条盒内主发条的转数来显示动力储存。值得关注的是，表冠功能选择按钮位于四点钟的位置。

Grande Complication

自动上链腕表，配备三问报时、万年历、星期显示和追针计时功能，铂金表壳，1996 年

左侧：

Calendario Completo

手动上链腕表，带日历显示和月
相，黄金表壳，约 1940 年

中间：

Calendario Completo

手动上链腕表，全日历显示，正
方形黄金表壳，约 1940 年

右侧：

Calendario Completo

手动上链腕表，带三重日历显示
和月相，黄金表壳，约 1930 年

Calendario Perpetuo

自动上链万年历腕表，黄
金表壳，1986 年

2003 年美洲杯赛的阿灵基队帆船

　　以皇家橡树为基础，爱彼推出了 City of Sails 和 Dual Time 两款计时码表，专门制作给在 2003 年美洲杯赛中夺冠的瑞士帆船阿灵基队。这并非偶然的选择，爱彼是这支传奇帆船队的赞助商之一，这支帆船队在爱彼赞助的 152 年之后成功将奖杯带回了欧洲。在与知名的明星人士合作方面，爱彼推出了专门为演员和政治家阿诺德·施瓦辛格定制的 Royal Oak Offshore T3 皇家橡树离岸型 T3 腕表，以及加入了碳纤维元素的 Montoya 蒙托亚腕表。这也开启了爱彼与 F1 方程式赛车手的合作。

Royal Oak Offshore Alinghi Polaris

自动上链计时码表，带追针和飞返，精钢表壳，限量 2000 枚，2005 年

Concept Royal Oak

手动上链腕表，带陀飞轮和测力计，超级合金 Alacrite 602 表壳，限量 150 枚，2002 年

左图：机芯

Royal Oak
自动上链腕表，精钢表壳和表链

Royal Oak
自动上链腕表，玫瑰金表壳，
鳄鱼皮表带

Royal Oak
自动上链腕表，精钢表
壳和表链，1972 年

Royal Oak Offshore Diver

自动腕表，精钢表壳，橡胶表带，带潜水时间刻度的内旋转表圈，防水深度 300 米

Royal Oak Offshore Chrono

精钢材质自动腕表，42 毫米直径表壳，配备计时码表、日期、小秒针和测速仪刻度，防水深度 100 米

Royal Oak Equazione del Tempo

精钢材质自动腕表，配备全日历、闰年、月相、时间等式、自选地的日出日落时间显示

皇家橡树离岸型 Juan Pablo Montoya 限量腕表的合作对象有巴里切罗、特鲁利和迈克尔·舒马赫，网球名将塞雷娜·威廉姆斯以及其他世界知名运动员，特别是高尔夫球手和 NBA 球员，更与艺术界和音乐界合作开展了众多活动。爱彼还是巴塞尔国际艺术博览会和莫斯科大剧院的国际合作伙伴，并通过于 1992 年成立的爱彼基金会为森林保护事业作出贡献。从技术的角度来看，爱彼着重强调的是由机械设计师们校准的卓越性能，如第一款兼具时间等式、太阳升降和万年历的表款，爱彼双脉冲擒纵机构（2006 年）以及 2009 年的 Jules Audemars Chronomètre——一款配备双游丝和爱彼擒纵机构的高频精密时计（43200 次振动 / 小时）。

Royal Oak Chrono

自动计时腕表，黄金表壳，"Grande tapisserie" 大型格纹装饰，黄金材质夜光时标和指针

Jules Audemars Grande Complication

自动腕表，黄金表壳，兼具三问报时、万年历、月相和分体式计时码表

Royal Oak Extra-piatto

精钢材质，39 毫米直径表壳，3.05 毫米厚度自动机芯，杰罗·尊达（Gérald Genta）于 1972 年设计的原款纪念款，2012 年

在材质上，锻造碳材质在腕表中的应用证明了爱彼一直以来的研究与探索：Royal Oak Offshore Carbon Concept Tourbillon 皇家橡树离岸型碳概念陀飞轮腕表（2008 年）和 Royal Oak Concept Laptimer 皇家橡树概念 Laptimer 腕表（2015 年）——具有连续圈速计时功能的创新机械计时码表，这一功能使其成为专为速度赛车爱好者打造的稀有腕上精品。2017 年，爱彼与设计师卡罗琳娜·布奇（Carolina Bucci）携手，推出了皇家橡树系列 Frosted Gold 霜金腕表，"锤金工艺"这种历史悠久的佛罗伦萨工艺，以独特而大胆的方式饰于表壳和表链的金色表面，独具特色。2019 年，爱彼再次打破常规，推出 Code11.59 系列腕表，在设计中引入了新的元素。次年则推出了自动计时的 [Re] master 01 系列腕表，融合了精钢和玫瑰金材质的表壳，极具复古灵感的醒目表盘，为品牌高贵的经典款式赋予全新的诠释，现收藏于 2020 年在布拉苏丝落成的爱彼博物馆中。

Code 11.59 by Audemars Piguet

自动上链腕表，白金表壳，2019 年

[Re] master 01

飞返计时码表，玫瑰金和精钢表壳，自动上链，2020 年

名士 Baume & Mercier

开篇：

Riviera

带日历和中央秒针，十二边形表壳，精钢与黄金表链，石英机芯，约 1990 年

　　来自法国的 Baume 家族早在 17 世纪迁至利波亚（Les Bois）之后就开始从事制表行业，1830 年 Baume Frères 公司诞生。1844 年在伦敦设立分公司，随后开始向澳大利亚和新西兰出口产品。

Riviera

十二边形表壳，自动上链机械机芯，Baumatic，1975 年

　　完美与和谐的比例，是名士的一贯追求。名士从经典制表中汲取灵感，受到最新趋势的影响，基本线条将运动感与传统完美融合。

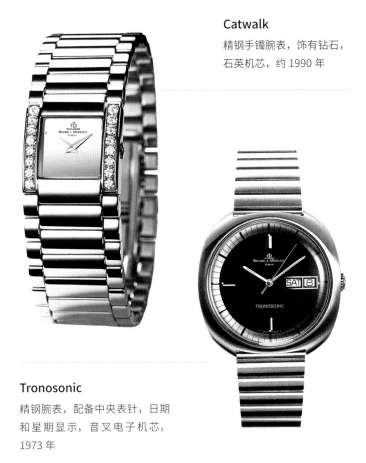

Catwalk

精钢手镯腕表，饰有钻石，
石英机芯，约 1990 年

Tronosonic

精钢腕表，配备中央表针，日期
和星期显示，音叉电子机芯，
1973 年

同加入了 Vendôme 集团（现在的 Richemont 历峰集团）：
在 Vendôme 内部，名士的定位为具有价格竞争力的经典
风格时计和具有上乘品质机芯的品牌。20 世纪 90 年代，
品牌专注于制造品质卓越的石英腕表和自动腕表，于是诞
生了 Hampton 汉伯顿系列腕表、Classima 克莱斯麦系列腕
表、Catwalk 系列腕表和 Capeland 卡普蓝系列运动腕表。
随后，名士着重发展 Capeland 卡普蓝系列，这是最具运
动感的系列，其风格随着最新的流行趋势越发动感。

Vice-Versa

设计型腕表，精钢材
质，大带扣，表盘隐
藏在表带下
右图：设计图纸

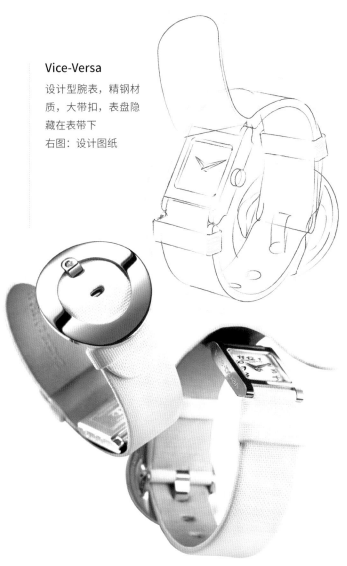

　　1912 年，威廉·鲍姆（William Baume）与保罗·梅
西埃（Paul Mercier）相遇，这位俄罗斯裔巴黎人，是从
事珠宝和钟表行业的公司管理者。两人在日内瓦创立了
名士。1937 年，威廉·鲍姆离开公司，由波兰裔的康斯
坦丁·德·戈尔斯基（Constantin De Gorski）接管公司。
第二次世界大战之后，名士推出了 Marquise 女爵腕表，
这款腕表没有带扣，表盘完全内置于硬质表链中。1958
年，德·戈尔斯基去世，公司由马克·比查特（Marc
Beuchat）接手；1965 年，公司的所有权再次发生变更，
被高端制表界的领先品牌伯爵（Piaget）收购。1971 年，
名士推出了 Tronosonic 系列，即带音叉机芯腕表；两年之
后，Riviera 利维拉系列问世，采用经典的十二边形表壳，
后来成为品牌的经典主打表款。1988 年，名士和伯爵一

Vintage

左图：带链怀表

下图：鳄鱼皮表带腕表款均为精钢材质，分别为手动上链（带小秒针）和自动上链（带中央秒针和动力储存）机芯

左1：

BR 01 Red Radar

PVD（物理气相沉积）饰面，精钢表壳，自动机芯，转盘式小时、分钟、秒钟显示

左2：

BR Minuteur Tourbillon

钛金属表壳，DLC（类金刚石碳）饰面，手动上链机芯，带陀飞轮和飞返功能

柏莱士是创建于 1992 年的法国品牌，两年后便推出了首个系列。从军用航空领域汲取灵感，BR 01 Istrument 和 BR 03 Instrument 两个表款大获成功。

柏莱士 Bell & Ross

布鲁诺·贝拉米什（Bruno Belamich）和卡洛斯·A. 罗西略（Carlos A. Rosillo）两位创始人的姓氏融合在了 Bell & Ross 的名称当中，这个法国品牌创立于 20 世纪 90 年代，以个性化的系列腕表著称。首批表款是与专业生产军用手表的德国公司 Sinn 共同开发，在表盘上标有 Bell & Ross – Sinn 的双重名称。对柏莱士而言，这段合作犹如一个非常有益的"学习期"，使其获得了重要的技术和设计能力，也带来了 Hydromax 系列腕表，这是一款防水深度达到 11000 米的腕表，其表壳中有一种液压液体，能够补偿深度潜水时的压力差。基于柏莱士的实践基础，该品牌成为部队腕表供应商，合作对象包括了法国的多支突击部队。1997 年香奈儿制表厂入股柏莱士；2002 年，柏莱士终止了与 Sinn 的合作伙伴关系，在拉绍德封开始了完全自主的制造业务。Vintage 123 腕表采用了经典的浑圆造型，具有跳时功能和动力储存显示的机芯充满了吸引力，这是柏莱士与制表大师文森特·卡拉布雷斯（Vincent Calabrese）的合作成果。这款腕表的表壳拥有多款版本，兼具自动"三针"和计时码表，表盘简洁明了。凭借 BR 01 Instrument 系列和紧随其后的更小尺寸的 BR 03 Instrument 系列，这家巴黎企业因其腕间的创造性脱颖而出。以飞机驾驶舱的控制仪表盘为灵感，诞生了一款方形表壳腕表，尺寸在方寸间获得了极致平衡。除计时码表外，BR Instrument 搭载双时区显示、动力储存显示和陀飞轮机芯，成为个性化定制和限量系列中最受欢迎的款型，其中，Radar 雷达腕表的转盘系统取代了指针，Airborne 腕表的表盘则为骷髅图案。

Instrument BR 01–92

自动腕表，采用品牌的经典外观表壳，精钢材质，直径 46 毫米，合成帆布表带

开篇：
Léman Tourbillon Grande Date
自动上链腕表，配备陀飞轮，动力储存
显示，玫瑰金表壳

宝珀诞生于 1735 年，然而直到 20 世纪 80 年代，才迎来其鼎盛
时期。背后是先进的精湛工艺，面前是永不妥协的品质追求和
高水平的工匠技艺。

宝珀 Blancpain

　　瑞士汝拉山谷中的维莱尔（Villeret）是宝珀制表历史开始的地方，贾汗－雅克·宝珀（Jehan-Jacques Blancpain）在这里制造钟表机芯。如同19世纪的其他小型企业一样，后来贾汗的儿子大卫－路易斯（David-Louis）子承父业。自1920年开始，腕表逐渐成为主流，宝珀也加入到这一竞争激烈的领域，转折点也随之而来。拥有创新精神和工艺先锋能力的宝珀与才华横溢的发明者约翰·哈伍德（John Harwood）合作，打造出了第一只自动腕表。1931年，以巴黎珠宝商雷恩·哈托（Léon Hatot）之名，宝珀推出了Rolls腕表，这是一款具有特

Air Command Concept 2000

自动上链计时码表，精钢和橡胶表壳，2000年

宝珀 Fifty Fathoms 五十噚的广告，20世纪50年代

Fifty Fathoms

自动上链腕表，精钢表壳，防水深度至50噚（相当于91.45米：1噚=1.829米），1953年

Villeret

玫瑰金表壳，用于展示宝珀首款表型的限量系列，带三重日历显示和月相，2003 年

殊机芯的自动腕表，它利用表壳内机芯的振动为发条盒的弹簧上链。

20 世纪 50 年代，品牌推出了 Fifty Fathoms 五十噚系列——富有绝对魅力的潜水腕表，在纪录片《沉默的世界》的拍摄过程中，陪伴雅克－伊夫·库斯托（Jacques-Yues Cousteau）和其团队完成了海洋探险，该影片还在 1956 年一举斩获戛纳电影节的金棕榈奖。而 Air Command 空军司令系列也在同一时期问世，这是一款用于军用领域的大尺寸计时码表，配备了飞返功能，能够使计时码表指针立即归零并立即重新启动。之后品牌继续沿着以男性腕表为主的稳健可靠的制表之路前进。表盘上有时会标有 "Rayville"，这一名称取自公司的新名称，即现今的 "Rayville SA Succ. de Blancpain"。

自 50 年代的成功之后，宝珀陷入了一段相当长时期的黯淡，直至 1983 年让－克劳德·比弗（Jean-Claude Biver）这位眼光独到的营销大师加入公司带来颠覆性的突破才告终，因为他已预见到宝珀品牌的潜能。比弗的宣传策略基于这样一句话："自 1735 年以来，宝珀从未生产过石英表，未来也绝不会。"他将制表厂总部迁至布拉苏丝，紧邻即将成为宝珀独家供应商的机芯制造厂 Frédéric Piguet。在那些年中，极致优雅且拥有旷世工艺的杰作诞生了：对经典制表进行了大胆诠释，带有月相的全日历、追针计时码表（将追针计时码表推向腕表界

的顶峰）、万年历、三问报时和 8 天动力的陀飞轮。1991 年，创造出了世界上最复杂腕表所必需的、涵盖上述所有指标功能的登峰造极之作——1735 腕表。即使后来加入了斯沃琪集团，宝珀也从未丢失其创新的特质，也从未停下其不断探索的脚步。

Harwood

首款自动上链腕表，黄金表壳，约 1920 年

Rolls Ato

自动上链腕表，白金表壳，约 1930 年

6 枚大师级腕表

具有相同直径铂金表壳的特殊系列腕表，均采用了代表最佳制表工艺的机芯

1 - 手动上链超薄

2 - 追针计时码表

3 - 8 天动力储存陀飞轮

4 - 全日历和月相

5 - 万年历

6 - 三问报时

1735

自动上链机芯腕表，由 740 个元件组成，铂金表壳，融合三问报时、陀飞轮、万年历、月相、追针计时码表的杰作，1991 年

位于瑞士布拉苏丝的宝珀制表工坊

宝玑传承了现代腕表之父阿伯拉罕 - 路易·宝玑的制表工艺，将创新精神融合于风格优雅、功能复杂的技艺之中。镂空偏心"月形"针尖，也就是广为熟知的"宝玑指针"，是品牌的标志性特征。

Classique Tourbillon
经典系列陀飞轮腕表，黄金表壳，
"Guilloché" 玑镂刻花表盘

阿伯拉罕 - 路易·宝玑的肖像画

宝玑 Breguet

陀飞轮活动笼架

传承阿伯拉罕-路易·宝玑的精神与匠心，是宝玑的后人一直以来的唯一目标。

宝玑先生 1747 年出生于纳沙泰尔（Neuchâtel），路易十四废除南特敕令之后，这个来自法国的家族移居瑞士。实际上，新教徒们是被迫离开法国，因为他们所需的自由和政治权利不再得到保障。阿伯拉罕-路易·宝玑重返法国度过了其制表学徒生涯，通过与当时最为领先的法国和英国机芯大师的交流，精进自己的制表技艺，从中掌握了擒纵装置和其他众多结构的秘密。宝玑在巴黎的 Quai de l'Horloge 开立店铺，足以证明其设计技艺已

完全成熟。得益于非凡的创作才华和商业态度，阿伯拉罕-路易·宝玑一跃成为 18 世纪最受欢迎的制表师之一。穿梭于欧洲宫廷的贵族们将宝玑视为理想的诠释者，因为这位制表大师能够满足他们在重要场合用精美绝伦的时计彰显身份的愿望。

Tourbillon Cronografo
陀飞轮计时码表，手动上链腕表，黄金表壳，鳄鱼皮表带

下图：为纪念陀飞轮发明 200 周年在凡尔赛宫举行的庆典活动
左图：机芯

Cronografo
手动上链腕表，黄金
表壳，1939 年
右图：机芯

下图左侧：
Cronografo Calendario Completo
手动上链腕表，三重日历显示，精钢表壳，
1946 年

下图右侧：
Cronografo Calendario Completo
手动上链腕表，三重日历显示，黄金表壳，
1964 年

在那些年中，诞生了一些精彩的杰作（从富有精湛工艺和极致美学的座钟，到精确可靠的航海计时器），但宝玑发现，在怀表制造中更能充分发挥其才华。在众多的杰作中，以"玛丽·安托瓦内特"怀表最为出众——这款凝聚了宝玑机芯工艺的精品，曾在法国大革命时期被献给法国王后，但众所周知，法国君主最终以被国民大会送上断头台的方式结束了自己的悲惨命运，因此这枚怀表未曾被其真正的主人收入囊中。这枚怀表也未能逃脱多舛的命运，宝玑钟表的大收藏家大卫·萨洛蒙斯（David Salomons）将其捐赠给了耶路撒冷伊斯兰艺术博物馆，后在 1983 年失窃。这块"玛丽·安托瓦内特"怀表采用黄金表壳、水晶表镜、表盘和表盖，内部机芯极为复杂，玫瑰金桥板、主夹板和齿轮，抛光蓝钢螺丝，蓝宝石轴承。宝玑毕生致力于研究和实验的技术创新都蕴含在机芯中：自动上链机芯与伯特莱（Perrelet）在同时期推出的机芯有所不同，不仅有万年历、温度计、动力储存，还具备时、刻、分三问报时功能。"玛丽·安托瓦内特"怀表的打造历经二十余年，在这二十年间，这位世界著名的制表大师不断改进并实现了自己的制表理念。

宝玑还有很多其他创新：在个人时计中加入万年历的概念，一些类型的擒纵机构具有特殊末端弯曲度的优势，随后被称为"宝玑摆轮游丝"；创造出"触觉"表（能够通过一个指针和表壳上的按掣来识别时间，而无须从口袋中取出怀表，从而避免了在交谈时看时间而引起的失礼）；发明"降落伞"避震装置，保护摆轮免受震动造成的损害；最重要的是陀飞轮的发明，它至今仍与宝玑的名字联系在一起。陀飞轮是这样一个装置：通过被称为"活动笼架"的特殊结构来补偿由于地心引力对摆轮（游丝）的影响而产生的误差。这个在18世纪末发明的极其精细且难以制造的装置，于1801年获得了专利。在阿伯拉罕－路易·宝玑众多的名人主顾中，就有拿破仑·波拿巴（Napoleon Bonaparte），宝玑先生曾为其制作多款时计，在拿破仑时代的征战中作为将军们所使用的钟表。在最后几年，宝玑力图将其制表经验整理成一篇极其详尽的文献，然而未能如愿。

1823年，宝玑先生去世，其子安东尼－路易·宝玑（Antoine-Louis Breguet）接掌公司。他与法国皇家海军保持合作关系，致力于制造复杂钟表，也带来了具有绝对价值的创新发明，如无匙上链和调时装置，然而很快就被其他钟表厂家效仿，因此没有受到专利保护。

Calendario Perpetuo

手动上链腕表，万年历显示，白金表壳，
1934 年
侧图：两种机芯
下图：刻有题词的底盖

Ripetizione Minuti

三问报时腕表，手动上链，
黄金表壳

Quantième

自动上链全日历腕表，
白金表壳

Equazione del Tempo

自动上链腕表，带万年历和时
间等式，黄金表壳，约 1990 年

Quantième

自动上链腕表，带全日历显示，
黄金表壳，约 1990 年

Héritage

手动上链腕表，异形黄金
表壳，约 1990 年

1833 年，路易－克莱蒙·宝玑（Louis-Clément Breguet），伟大的宝玑创始人之孙，创立了新公司，在这一时期推出的钟表中，虽然也有腕表，但是其特征与 20 世纪初期所流行的概念仍然相距甚远。而宝玑的主顾中，一直都有欧洲贵族，如法国拿破仑三世、英国维多利亚女王，还有沙俄众多名人。路易－克莱蒙试图将电子技术应用于制表中，其子安东尼（Antoine）所坚信的技术思想也因此打开，而专注于电子和电信领域。在 20 世纪，其曾孙路易·宝玑（Louis Breguet）就致力于航空领域，运营一家独立公司。

制表分支于 1870 年出售给爱德华·布朗（Edward Brown），他的家族管理宝玑品牌整整一个世纪之久，宝玑品牌的重心转移到了腕表制造上，尤其是一战至二战之间。宝玑推出了具有圆形、方形、酒桶形表壳的精美腕表，黄金和钻石女士腕表、带稀有精美的计时码表、日历和陀飞轮的腕表。之后，宝玑开始为法国海军空战部队制作腕表，推出了 Type XX 系列——带有飞返功能

位于汝拉山谷的宝玑现代制表厂

精致怀表的制造；在腕表中，陀飞轮最受欢迎，设计中还结合了其他复杂功能，阿伯拉罕－路易·宝玑的所有工艺特色在 20 世纪的制表业维度中得以诠释。2005 年，La Tradition 传世系列在巴塞尔钟表展上惊艳全场，沿承了品牌悠久历史中极致的美学魅力：这款腕表的机械结构完全呈现于眼前，再现了品牌创始人的发明，按照两个世纪之前宝玑所设想的表桥和功能元件，回归至最纯粹的形式。

的计时腕表（飞返在法语中为 "retour en vol"，意为永久归零），已成为运动腕表的经典款型。"宝玑式"制表追求贵金属表壳、"carrure cannelé" 装饰（表壳侧面深而细的垂直凹槽）、珐琅或银质的玑镂刻花表盘，以及俗称"宝玑指针"的偏心"月形"针尖指针。

　　追溯品牌的企业变迁，1970 年，品牌从布朗家族转手出售给巴黎的珠宝世家——尚美家族，1976 年其在瑞士汝拉山谷建立制表工坊。1987 年，品牌被沙特的 Investcorp 集团收购，1999 年，出售给斯沃琪集团。在这些年中，腕表的制造是重中之重，同时宝玑也未放弃

La Tradition

手动上链腕表，黄金表壳

Classique

自动上链腕表，黄金表壳，珐琅表盘

Type XX

手动上链计时码表，
带飞返功能，精钢表壳，
约 1950 年

右图左侧：
Lady

手动上链腕表，Art Déco 纹饰表壳，
铂金材质镶嵌钻石，约 1920 年

右图右侧：
Reine de Naples

自动上链腕表，具有动力储存和月相，
异形白金表壳，钻石装饰

Type XX

手动上链计时码表，带飞返功能，精钢
表壳，三眼计时器表盘，约 1950 年

Type XX Aéronavale

自动上链计时码表，带飞返功能，玫瑰
金表壳，约 1990 年

Classique Hora Mundi

双时区自动腕表，瞬时时区跳转，24
个城市显示，红金表壳，半透明漆面表
盘，南北美洲、欧洲和非洲、亚洲和大
洋洲三种表盘配置可选，2011 年

1

Type XXII

自动计时码表，带飞返功能和双时区，
精钢表壳，带刻度表圈

2

**Classique Grande Complication
Tourbillon Messidor**

机械腕表，浮动式陀飞轮嵌于蓝宝石水
晶镜面和表底之间，玫瑰金表壳

3

Marine Grande Data

自动腕表，大日历显示，65 小时动力
储存，精钢表壳，橡胶表带

4

Marine Cronografo

自动计时码表，48 小时动力储存，黄
金表壳，橡胶表带

5

La Tradition

带有"旧式"桥板和夹板的机械腕表，
白金表壳

6

Reine de Naples Cammeo

自动腕表，白金表壳，钻石装饰，天然
贝母表盘，2012 年

秉承传统，也从未忘却创始人创新的先锋精神，2006年宝玑推出双陀飞轮腕表，表盘上可见双陀飞轮系统，活动式表盘，贯穿两个陀飞轮笼架中心的轴线被巧妙地用作时针。一场哥白尼式的革命，承载于名为 Classique 的圆形表壳之中，这个瑞士品牌的所有元素都成为其独特标志。在运动休闲领域，Marine 系列腕表的演变值得关注，除 Type XXII 系列之外，腕表均采用了珍贵材质，由橡胶表带固定于腕间，硅质摆轮和游丝以每小时 72000 次的

摆动频率运行。宝玑的历史上还有两个重要时刻：2007年失窃的"玛丽·安托瓦内特"怀表重现于世，一年后推出了"玛丽·安托瓦内特"怀表的"当代版"，这也是尼克拉斯·G.海耶克（Nicolas G. Hayek）——2010年离世的宝玑主理人强烈渴望的复刻版本。基于档案信息和阿伯拉罕 - 路易·宝玑的原始设计图，将这枚时计珍宝忠实再现。

Chronomat
手动上链计时码表，
精钢表壳，滑尺表圈，
1942 年

百年灵以其精确可靠的计时码表而闻名，常被民用和军用航空采用。
百年灵一直专注于制表领域的研发，旨在为其各款腕表寻找新的技
术和功能突破。

百年灵 Breitling

百年灵的历史始于 1884 年，里昂·百年灵（Léon Breitling）在瑞士汝拉创建了圣伊米耶工坊，专门制造用于科学和工业领域的精密计时表和测量工具。1892 年，制表厂迁至历史悠久的制表之都拉绍德封（La Chaux-de-Fonds），在蒙布里昂大街成立了"里昂·百年灵蒙柏朗制表厂"（Léon G. Breitling S.A. Montbrillant Watch Manufactory）。1915 年，计时腕表闪亮登场。1923 年，百年灵在此类手表的技术上再接再厉，开发出独立于上链表冠（位于 2 点钟位置）的计时按钮并获得专利；并于三年后，推出了十分之一秒计时器。

创始人的孙子威利·百年灵（Willy Breitling），在 20 世纪 30 年代接管了公司。1934 年，伴随着双按钮计时码表的问世，品牌驶入了发展的重要阶段：2 点钟位置的按钮用于计时功能的开始和停止，而 4 点钟位置的按钮则用于将计时器的指针重置归零。这项空前的创新，奠定了现代计时腕表的雏形。

Cronografo monopulsante

单按键计时码表，手动上链腕表，带有独立于上链表冠的计时按键，精钢表壳，约 1920 年

Chronomatic

自动上链计时码表，精钢表壳，1969 年

百年灵庆祝与航空界紧密合作的广告海报，20 世纪 30 年代

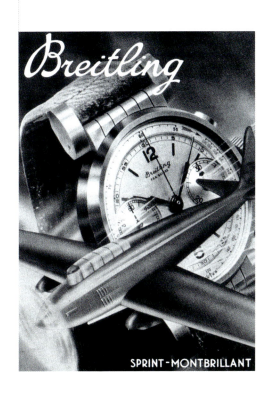

Navitimer

手动上链计时码表，
精钢表壳，配备航空
专用飞行滑尺表圈，
约 1950 年

Cosmonaute

手动上链计时码表，
精钢表壳，24 小时
表盘，约 1960 年

Navitimer

自动上链计时码表，
白金表壳，限量 100
枚，2002 年

    百年灵成为多家航空公司的供应商，包括英国皇家空军、荷兰皇家航空公司、法国航空公司和法国联合航空公司。1942 年，品牌在日内瓦设立了办事处，机械计时腕表 Chronomat 的横空出世，成为百年灵的一个里程碑。这是一款配备飞行滑尺的计时码表，能够解决各类复杂的数学运算。这是一个强有力的工具，尤其是在航空领域，通过这款型号的计时码表，飞行员能够计算油耗和平均速度，与机载仪器进行交叉检查，但以当时的技术水平测算结果仍会受到一定近似值的影响。十年后，航空计时腕表 Navitimer 问世，这款手表提供了更多改进后的计算功能，并于 1962 年演化为宇航员腕表 Cosmonaute。美国宇航员史考特·卡彭特（Scott Carpenter）驾驶极光 7 号（Aurora 7）太空船进行轨道飞行时，佩戴的就是这款腕表，表盘分为 24 小时而非 12 小时，以辨识昼夜。1969 年，在与 Heuer-Leonidas 和 Hamilton-Büren 的联合项目中，Calibro11 诞生了，这款自动计时腕表的鲜明特点是其将计时按钮设计在表冠的对侧。

    20 世纪 70 年代，随着石英的出现，百年灵的生产遭遇了严重挫折。1979 年，飞行员、钟表制造商和微电子专家恩斯特·施耐德（Ernst Schneider）接管了百年灵，开启了品牌全新的成功之旅。近年来，除了拉绍德封的历史制表厂之外，还设立了格伦兴（Grenchen）的制表厂。1984 年，与意大利空军"三色箭"飞行表演队（Frecce Tricolori）合作开发的新一代机械计时腕表 Chronomat 应运而生，其大尺寸旋转表圈上饰有表圈指示器，自动上链计时机芯大放异彩。1980 年，多功能 Aerospace 腕表首次在市场上亮相，其拥有指针显示和数字显示的双重显示功能的技术创新，钛金属材质的表壳不仅特别轻盈，还具有极强的抗冲击性，这也开启了百年灵制表的科技创新之路。Emergency 紧急求救系列，是一款配备微型无线信号发射装置的多功能手表，能够在空中紧急频率上运行，B1 和 Colt Superocean，能够承受 150 个大气压的压力。百年灵的每一枚腕表都具有瑞士官方天文台（COSC）颁发的认证证书。自 2001 年起，百年灵不仅发行了经典表款 Chronomat 和 Navitimer 的复刻版本，还与英国知名豪华汽车制造商宾利开发了一系列合作款。

Emergency

多功能石英电子腕表，钛金属表壳和表链，内置天线，工作频率为空中紧急频率 121.5MHz，约 1990 年

Chronomat

自动上链计时码表，精钢表壳和表链，意大利空军"三色箭"飞行表演队 Frecce Tricolori 系列，约 1984 年

Transocean Unitime

自动计时腕表，精钢材质，配备防水表壳和编织表带，蓝宝石水晶表盘和表底，2012 年

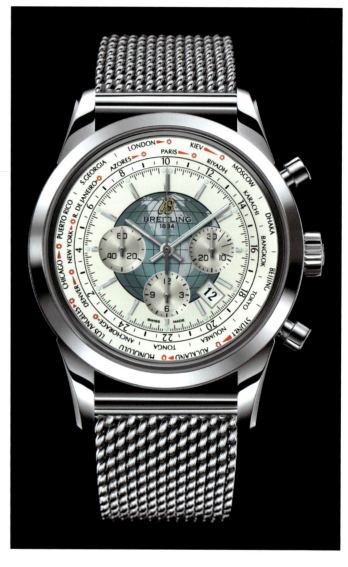

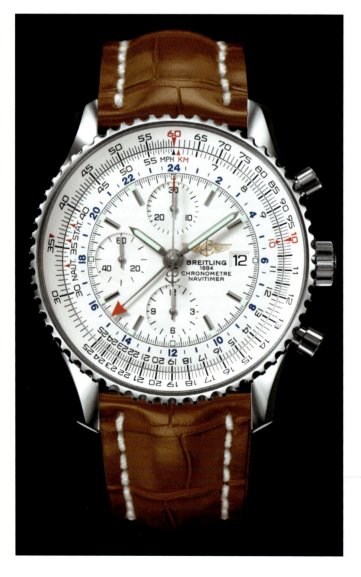

Navitimer World

自动计时腕表，精钢表壳，皮质表带，配备环形飞行滑尺的双向旋转表圈，2005 年

为了满足不断增长的高品质需求，如卓越的技术性能，能够抵抗任何应力的坚固性能，百年灵在拉绍德封建造了全新的百年灵精密时计中心（Breitling Chronométrie）大楼，作为计时腕表研发和生产的重要部门。在这座藏有不朽艺术品的建筑中（施耐德先生是一位充满激情且具有专业素养的收藏家），机芯的组装按照集成软件指导的程序进行，在自动化工作站和制表师的工作台的交替中，实现了时间和精度的优化。百年灵机芯 Calibro 01 于 2009 年在拉绍德封诞生，这是品牌在计时码表自动机械计时机芯领域的专业成果；而在电子机芯领域，热补偿机芯超级石英机芯 SuperQuartzTM 系列脱颖而出，较传统石英机芯精准十倍以上。

Bentley SuperSports
自动计时腕表，可测量 1/4 秒，精钢表壳和表链

SuperOcean
自动腕表，防水深度 2000 米，精钢表壳和表链，2019 年

Aerospace
钛金属材质腕表，多功能石英电子机芯，具有指针指示和数字显示，2007 年

Chronomat 41
自动计时腕表，搭载百年灵机芯 Calibro 01，钢质表壳和表链，2009 年

宝路华 Bulova

Accutron 腕表
音叉电子机芯精钢腕表，
约 1960 年

宝路华诞生之际正值 19 世纪末美国的移民热潮。1875 年，23 岁的波希米亚青年约瑟夫·宝路华（Joseph Bulova）在纽约开设了一家珠宝店。品牌最初生产座钟及怀表，1919 年，第一个男士腕表系列问世，5 年后，又推出了女士腕表系列。

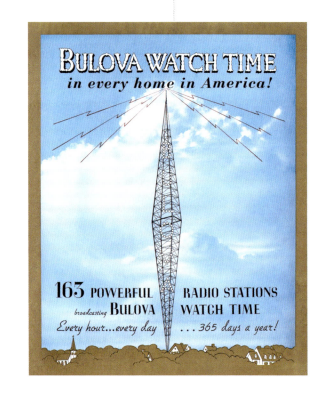

宝路华的广告海报，20世纪 50 年代

波希米亚人约瑟夫·宝路华带着他的美国梦，用时计艺术、创新和才能惊艳了腕表界，正如带有音叉的宝路华 Accutron 腕表，是石英全电子手表的先驱。

1923 年，宝路华公司成立，突显品牌的美国特色成为其海外市场战略。1931 年，宝路华在品牌宣传上的投资超过了 100 万美金，还在 20 世纪 40 年代为广播节目提供赞助并制作了一条电视广告。

创始人之子阿尔德·宝路华（Arde Bulova）则以技术制表著称，生产军用腕表、车载仪表以及可靠和稳健的机械装置。Accutron 腕表的诞生使宝路华一跃成为电子制表界的领先企业之一。使用音叉作为调节装置，使 Accutron 腕表的性能成为绝对的焦点，该系列腕表曾推出的多个版本是收藏者趋之若鹜的收藏对象。自 1979 年加入 Lowes Corporation 起，宝路华一直深耕于行业创新，尤其致力于石英技术。为了在美国市场之外的世界其他地区进行商业发展，2002 年，宝路华在瑞士弗里堡设立了欧洲总部，旨在实现产品国际化并更好地开拓其他市场。

Asimmetrico

纯金异形表壳防水腕表，瑞士机械构造，镶嵌有 23 颗红宝石，约 1960 年

Esagonale

6 面镀金表壳腕表，表盘时标和阿拉伯数字相交替，约 1950 年

Anse Incrociate

14K 金表壳腕表，原创表耳设计，约 1950 年

Ambassador

纯金精密计时表，宝路华 130 周年纪念款，限量 300 枚，2005 年

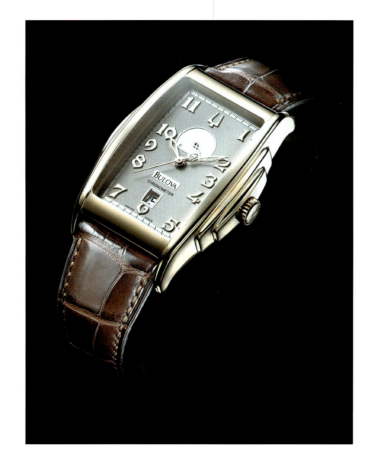

宝格丽是珠宝界最重要的品牌之一，源自罗马，其腕表精致且充满个性。宝格丽以其充满意境的设计，以及对美学和艺术风格的极致追求，征服了众多追随者。

宝格丽 Bvlgari

Bulgari-Bulgari

自动上链腕表，黄金表壳，
约 1980 年

这是一段从远方开始的旅程：1884 年，希腊银匠世家的继承人索帝里欧·宝格丽（Sotirio Bulgari）在罗马的西斯提那（Sistina）大街开设了第一家精品店，1905 年具有传奇色彩的康多提（Condotti）大道精品店正式开业。20 世纪上半叶，制表就已成为宝格丽品牌的一部分，宝格丽在时代变迁中留下了足迹：品牌的国际化进程，先是在 80 年代于瑞士纳

沙泰尔设立了腕表部门，随后，除了罗马、巴黎、日内瓦和蒙特卡洛的"历史悠久"的精品店之外，纽约、伦敦、米兰、圣莫里茨、香港、新加坡、大阪和东京的品牌专营精品店也相继开业，宝格丽在最为重要的世界级商业和休闲城市，完成了自己的战略部署。

创始人索帝里欧·宝格丽与妻儿度假的情景，瓦雷泽，
1932 年

开篇：
Bulgari-Bulgari

石英电子腕表，黄金表壳，
Tubogas 表链，约 1990 年

Quadrato

石英电子腕表，精钢或黄
金表壳，约 1990 年

与 GP 芝柏表签署的机械机芯供应合作协议，对宝格丽的腕表生产意义重大，自 1994 年起，宝格丽腕表开始配备机械机芯。在 20 世纪 90 年代的腕表型号中，值得关注的几款有 Bulgari-Bulgari 表壳的石英计时腕表（后来被自动计时版本取代）、Quadrato 和两款重要的复杂功能腕表——Tourbillon（陀飞轮）和 Ripetizione Minuti（三问报时）。随后推出了 Sport 运动系列潜水表，例如 Diagono Professional Scuba Chrono，这是一款防水达 200 米并附有天文台证书的自动计时码表，带有表冠和旋入式按钮，用于潜水计时的单向表圈、创新的橡胶表带通过螺钉固定在表壳上，并

带有加固的铰接搭扣。随着日益增长的营业额及其在奢侈品行业愈加突出的重要性，1995 年宝格丽在米兰和伦敦的证券交易所挂牌上市。不断扩张品牌商业版图的宝格丽集团于 2000 年收购了杰罗·尊达（Gérald Genta）和丹尼尔·罗斯（Daniel Roth）两大品牌。在 Bulgari-Bulgari 系列和 Diagono 系列之后，Aluminium 系列问世，这是一款铝制（极轻金属）表壳腕表：PVD 镀

Aluminium Chrono

自动上链计时腕表，铝制表壳，
橡胶表圈和表带，约 1990 年

Diagono Scuba Diving

自动上链腕表，精钢表壳，防水
深度 2000 米，2003 年

Diagono Regatta

自动上链计时腕表，具有专为帆
船比赛而设计的功能，精钢表壳

Diagono Tachymetric Chrono

自动上链计时腕表，精钢表壳和表链，
表圈上刻有测速刻度

黑表圈，橡胶表带，是宝格丽又一个成功之作。宝格丽一直忠于珠宝奢华而精粹的灵魂，专为女性打造的 B.zero1 问世：这款腕表的表壳源自 90 年代后期推出的宝格丽戒指，并配有彩色表带。

在专业腕表领域，宝格丽于 2003 年推出了 Diagono Scuba Diving，这是一款带有排氢阀并保证水密性可达 2000 米的专业潜水表，随后 Diagono Professional GMT Flyback 问世，配备有永久复位的计时码表和格林尼治标准时间（GMT），其配备的计时码表用于帆船比赛开始前 5 分钟的计数。

B.zero1

石英电子腕表，精钢表壳，
具有不同表面和表带版本

对流行趋势和创新始终保持敏锐嗅觉的宝格丽开始进军豪华酒店业，之前由腕表、珠宝、香水和配饰组成的产品系列开始扩充丰富。2004 年在米兰开设了第一家宝格丽酒店，随后宝格丽巴厘岛度假村和伦敦宝格丽酒店也相继开业。在制表领域，宝格丽进行了非常重要的投资，收购了多家专门从事高端零部件生产的公司，实现了在制表领域的垂直整合。投资的重要结果就是凝聚了这个罗马品牌精益求精的制造精神的自动计时腕表 Calibro 303 于 2007 年问世。宝格丽不断追求卓越，作为男士腕表的创造力典范，在品牌成立 125 周年（2009 年）发布的 Sotirio Bulgari 腕表大放异彩，圆形表壳搭配金字塔形表耳，而专为女性设计的 Serpenti 系列腕表更赋予 Bulgari Tubogas 全新的个性气息，成为这个意大利品牌创造力的高光时刻。2011 年对宝格丽而言是一个划时代的转折点，宝格丽被法国奢侈品巨头 LVMH 收购，因此从意大利证券交易所退市。

Serpenti

珠宝腕表，弧形表壳，
弹性表链，黄金材质，
表盘饰有钻石，石英机芯

Daniel Roth

Carillon Tourbillon

自动腕表，配备三锤式
三问报时和陀飞轮、玫
瑰金表壳，鳄鱼皮表带

Octo Maserati

自动计时腕表，带导柱
轮，配备跳时窗口、计
时盘和分钟逆跳，精钢
表壳

**Diagono Calibro
303**

自动计时腕表，
自制机芯，40 小时动
力储存，玫瑰金表壳，
精钢元素装饰

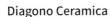

Diagono Ceramica

自动计时腕表，配备三
眼计时器和日历，玫瑰
金表壳，陶瓷元素装
饰，橡胶表带

1847 年在巴黎成立的卡地亚，一直以来都是为女性打造的精致珠宝的代名词。在制表界，于 1904 年问世的 Santos 腕表已经走过了一个多世纪的历程，是品位与优雅的极致演绎。

卡地亚 Cartier

卡地亚的历史始于 19 世纪中叶。路易·弗朗索瓦·卡地亚（Louis-François Cartier）接手了阿尔道夫·皮卡尔（Adolphe Picard）在巴黎的珠宝工坊。这位年轻工匠的创造力和才华得到上流社会的赏识，就连皇室贵族也是其座上宾，其中包括尤金妮（Eugenia）皇后和众多来自显赫家族的成员。卡地亚的巴黎工坊，成为他们喜获珍品的宝藏之地。该品牌在钟表界的首次亮相可以追溯到 1853 年：客户们越来越被高端珠宝展现出的创造力所吸引，首批推出的怀表就被这些客户收入囊中。1871 年制作的指环表更是如此。其子阿尔弗雷德·卡地亚 (Alfred

法国"美好时代"时期的路易·卡地亚的形象，这位珠宝商造就了其同名品牌的发展

Santos
手动上链腕表，黄金表壳，
白表盘，罗马数字时标，凸圆蓝宝石表冠，约 1920 年

开篇：
Santos 100
自动腕表，精钢和黄金表壳，
Santos 腕表诞生一百周年纪念款，2004 年

Cartier）继续了这个家族的传奇，三年之后接手了精品店的管理，并在 1888 年推出了女士腕上时计：将小型怀表通过金质手镯固定于手腕上。1898 年是值得一提的一年，路易·卡地亚（Louis Cartier）加入。其与兄弟皮埃尔和雅克共同将这家成功的企业变成世界奢侈品的神话，那些年被称为"美好时代"——一个以财富、魅力和优雅作为主角的历史时期。1899 年，卡地亚将精品店迁至和平街 13 号——完美呈现时代精神的巴黎奢侈品中心，这里是法国贵族和其他世界名流经常光顾之地，同时也是卡地亚档案馆：被皮革包裹的卷册讲述着品牌的变迁，记载了所有销售过的款型的详细信息，最重要的是，设计图纸和专利编目记录下了社会风尚的演变。

巴西大亨阿尔伯特·山度士 - 杜蒙，路易·卡地亚为其制作了品牌历史上最早的腕表

Santos Dumont

手动上链腕表，黄金表壳

Santos de Cartier

自动腕表，精钢表壳和表链

Santos de Cartier

石英腕表，精钢表壳和表链

在埃菲尔铁塔的背景下，阿尔伯特·山度士 - 杜蒙成为在巴黎的天空中飞行的先驱者，20 世纪初

1904 年是对卡地亚有着重要意义的一年：应飞行先驱阿尔伯特·山度士 – 杜蒙之请，路易·卡地亚专门为其打造了一款腕表，山度士先生不仅是一位富有的巴西大亨，同时也是巴黎名流社交圈的常客。腕表作为"新鲜产物"，是众多瑞士制表商所致力的领域，与前些年的实验性尝试相比，这是历史上第一款真正的腕表，它不是对怀表的改造之物，而是一个完全重新设计的产品，每个元素都是为一种全新的读取时间的方式而设计，在短短几十年内，腕表就成为超越怀表的存在。该表款将功能性与优雅风格相结合，方形黄金表壳、罗马数字表盘、表带这些元素相得益彰，因此，这位不拘一格的山度士 - 杜蒙先生能够用好

友路易·卡地亚专门为其打造的腕表来查看日期、时间及其飞行情况。历经了一段实验阶段，卡地亚设计出了新的腕表款式（Tonneau 腕表诞生于 1906 年），随后在 1911 年，Santos 腕表上市销售，这款腕表的名称于 1913 年首次出现在品牌目录中，在腕表设计图旁边带有"Santos-Dumont 方形腕表"（Montre de forme carré dite Santos-Dumont）字样。Santos 腕表成为卡地亚的标志之一，同时也催生了男款和女款系列，在 2004 年的百年纪念之际，复刻了 Santos Dumont 这款精致优雅的超薄黄金材质腕表，同时还推出了具有大尺寸表壳的 Santos 100 腕表，卡地亚以此开启了第三个千年的旅程。路易·卡地亚的另一力作是 Tank 腕

Tank

珠宝腕表手动上链，铂金和钻石表壳，
1919 年

Tank Française

自动上链腕表，
黄金表壳，1996 年

表，其表壳的形状延续了 Santos 的方形线条，加宽的两侧边缘让人联想到第一次世界大战的履带式坦克，名字"Tank"即由此而来。Tank 腕表具有极为出色的美学效果，1917 年创作出之后于 1919 年推向市场。Tank 系列的腕表款型不断发展壮大，有多种表壳和表链版本：拥有子弹形表耳的 Tank Obus 腕表，拥有加长表壳和略带弧度底盖的 Cintré 腕表，拥有横向表盘和表壳的 Asymétrique 腕表，而 Tank à Guichets 腕表则是一款跳时腕表，表面几乎完全被金属覆盖，仅有一个显示小时数字的小窗口和一个读取分钟的窗口。

Art Déco
由铂金、缟玛瑙、珍珠和钻石制成的腕表，带安全链表链，约 1920 年

珠宝腕表制作，卡地亚品牌的悠久传统

Tank Américaine

白金表冠，黄金带扣，专为尼泊尔王子制作，1943 年

Tank Cintré

机械腕表，铂金表壳，玫瑰金表底，约 1920 年

Tank Heures Sautantes

缎面黄金机械腕表，数字时间显示，专为印度帕蒂亚拉王公制作，1928 年

除了 Santos 系列腕表和 Tank 系列腕表两个主角之外，卡地亚还开发了丰富的其他系列腕表，充满无与伦比的创造性和生命力。多种不同材质也被应用于腕表中，以黄金和铂金为主，饰以珍稀宝石；样式则坚持原创与精致的准则。Cloche 系列腕表属于 20 年代和 30 年代，数字面盘右旋了九十度（表冠位置为数字 12），同时还可以作为小座钟使用；而精致的 Tortue 系列腕表，是具有三问报时和单按钮计时码表的表款，表冠有集成了计时码表功能的按钮。卡地亚也制造高水平的机械品质表款，其中包括由制表师埃德蒙·积家（Edmond Jaeger）制造的腕表（根据 1907 年签署的协议，之后从 1919 年续约至 1933 年），在 Jaeger 与瑞士的 LeCoultre 合并之后，继续由 Jaeger-LeCoultre（积家）来制造。对于出口表款的机芯，则搭载 EWC 欧洲钟表集团的机芯，EWC 总部位于纽约，是卡地亚的一家合资公司。在腕表"独出心裁"这件事情上，卡地亚一直都不遗余力，不论是为凸显佩戴的场合，还是为丰富饰面的效果，都引入了大量的珠宝元素。专为女性设计的带有小型时间显示装置的吊坠和胸针，几乎是纯粹的华饰，而生产的各种异形怀表，其轻薄的表壳、钻石或半宝石的点缀，使它们独树一帜。

Crash Watch

不对称表壳腕表，黄金和钻石材质，手动上链机芯，1992 年

Tonneau

酒桶形黄金表壳腕表，环形机械机芯，1913 年

让卡地亚一直展现无限创意能力的领域，是其制作精良的挂钟和座钟。在这类作品中，装饰元素能够将丰富性和想象力发挥到极致。在当时的诸多杰作中，从 1913 年开始制作的 "Pendule Mystérieuse" 座钟脱颖而出，它的指针犹如飘浮在空中，以神奇的方式移动（实际上，指针被置于齿轮驱动的齿盘上，而齿轮则隐藏在结构元件中并与置于底座中的机械机制相连）。1942 年路易·卡地亚（Louis Cartier）的离世，标志着卡地亚一个繁华时代的结束。第二次世界大战之后，品牌重拾被战争中断的发展之路，推出全新系列，其中，1967 年推出的 Crash 腕表，几乎扭曲变形的表壳灵感来自于萨尔瓦多·达利（Salvador Dalí）的作品《软表》。而 70 年代发生了划时代的变迁：1972 年，创始人的最后一代将公司出售给一家金融集团，该集团后来成为 Vendôme 集团，即现在的 Richemont 历峰集团。为了实现重要的商业目标，历峰集团对公司结构和销售进行了重新定位：1973 年，"Must de Cartier" 系列首次亮相，该系列的配件和手表开创了一种更年轻、更有活力的生活方式，注重性价比。自 1978 年对 Santos 腕表以精钢和黄金材质进行再版以来，重拾原有的主题风格成为新卡地亚的生产策略之一。

Trasformista

黄金女士腕表，链环式宽表链，隐藏式表盘，1942 年

Cartier-London

菱形黄金表盘腕表，风格化时标，约 1960 年

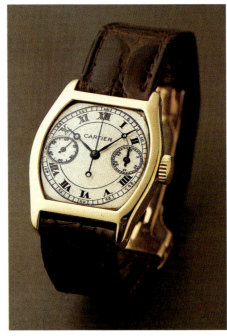

Tortue

铂金机械腕表，龟背形表壳，
1920 年

Monopulsante

机械计时腕表，黄金材质，
计时按钮与表冠同轴，
1928 年

Pasha

黄金自动腕表，表盘上带有
保护网格，可旋转带刻度表
圈，1985 年

　　于 1985 年推出的 Pasha 帕夏腕表讲述了品牌的一个全新征程，其灵感源自 30 年代马拉喀什帕夏所委托制作的一款腕表。这位阿拉伯显贵要求制作一块具有防水表壳的腕表，卡地亚在后来的十年中为其打造完成，以大尺寸的圆形表壳为特色，表镜由金属网格保护，表冠封闭在一个凸圆形帽内，并由一条短链固定在表壳上。1985 年的 Pasha 腕表再现了这些特点，金属表圈为选配，并引入了多个不同款式，随后在 2005 年，又对这个系列从外观美学到机械机制都进行了彻底的重新设计。Tank Américaine 腕表和 Tank Française 腕表遵循了卡地亚标志性的风格特点，并于 1997 年在该品牌成立 150 周年之际拔得头筹。在由安帝古伦拍卖行（Antiquorum）和塔桑拍卖行（L' Etude Tajan）组织的"卡地亚的魔法艺术"（The Magical Art of Cartier）庆祝拍卖会上，展示出了拍卖会的主角——魅力无限系列古董腕表，随后在卡地亚精品店限量发售，其中包括 Tank "saltarello" 腕表，小时和分钟为数字显示；带有双表盘和双上链表冠的 Cintré 腕表，搭载两个手动上链机械机芯，可调至两个不同的时区；采用不对称"菱形"表壳的 Tank 腕表和采用倾斜式表盘的 Tank 腕表。所有精致考究的表款，都以充分尊重传统的制表方式诠释，正如 Collection Privée Cartier Paris 卡地亚巴黎私人珍藏系列，全部为传奇复杂表款，搭载高级别机芯，金质表壳，表带搭配 20 世纪初期就获得专利的标志性卡地亚折叠扣。

珠宝腕表系列
白金表壳饰钻石
左上：Sabot
中间：Tonneau，"男女"对表
下方：Sofa 和 Hypnose
右侧：Casque

卡地亚的创造力在专为女性打造的作品中完美呈现，奢华，精致，独创且富有张力。如 La Doña de Cartier 腕表，采用偏圆的梯形表壳，20 世纪 70 年代专门为墨西哥女演员玛丽亚·费利克斯（María Félix）打造，此外还为其制作了一款以两条鳄鱼为灵感的独具风格的项链。2007 年推出的 Ballon Bleu 蓝气球腕表，其无论女款还是男款均有多个版本，上链表冠与表壳近圆形的设计融为一体，精心设计的表冠风格，表冠外侧的蓝色宝石与表盘巧妙融为一体。Alta Orologeria 高端制表系列和 Métiers d'Art 大师工艺

Calibre de Cartier

自动腕表，三日日历和
小秒针显示，精钢表壳，
带保护表冠

Tank Américaine

自动腕表，黄金表壳，
鳄鱼皮表带，镀银玑镂表盘

Ballon Bleu de Cartier

自动腕表，精钢表壳和表链，
带保护圆弧的凸圆形表冠

Baignoire

石英电子机芯小型款腕表，
玫瑰金表壳，鳄鱼皮表带，
镀银表盘

系列，展现品牌炉火纯青的制表工艺和艺术，同时也不乏兼具精美设计和可靠机芯的表款，例如 1904MC 机芯，是卡地亚第一款自产的机械机芯。在不断发展的卡地亚腕表世界中，Calibre 卡历博系列腕表以极具运动个性的表壳而著称，2016 年发布的 Drive de Cartier 系列腕表，其外形与都市氛围相得益彰。

Panthère de Cartier
石英电子机芯腕表，
黄金表壳与表链

Ronde Louis Cartier
"Panthère"
自动腕表，黄金表壳，
钻石镶嵌表圈，表盘以
木质和金箔镶嵌，
限量 30 枚，2018 年

Drive de Cartier
自动腕表，玫瑰金表壳，
银表盘带月相显示，
2016 年

G-SHOCK

UNBREAKABLE ICON

卡西欧的成立时间相对偏近代，最初是一家专业生产电子仪器的企业，在这种高科技的背景之下，卡西欧在制表领域投入了大量资源，也获得了骄人的成绩。

卡西欧
Casio

这家现代企业的起源可以追溯至 1946 年，樫尾忠雄——专业从事制造技术的工程师，在东京成立了"樫尾制作所"。在制表界的首次亮相要追溯到 20 世纪 70 年代，当时恰逢日本刮起"石英风暴"。1974 年，卡西欧推出了最早的液晶显示手表之一——CASIOTRON，它采用了 LCD 技术，并可以在屏幕上显示日历，而 C80 的问世又引入了全新的功能——计算器，开创了一种全新的腕表制造理念。另一个首创是第一款具有双显示的手表，结合了指针显示和液晶显示。1983 年，G-Shock 系列手表问世，这一系列的手表均有抗强电磁场和抗机械应力的强悍物理特性，采用高度防水表壳，适合极限

开篇：
背景为漫画风格的广告，卡西欧 G-Shock The Origin 手表，是 1983 年 G-Shock 手表的再版，树脂和精钢表壳，石英电子机芯，2019 年

初代 G−SHOCK 開発当時の試験サンプル
First Generation G-SHOCK Test Model

G-Shock 第一系列手表原型，
保存于东京卡西欧博物馆，约 1980 年

运动爱好者，并可以作为健康监测仪器，如心率监测器。
1998 年推出了 Pro-Trek 系列手表，其特点是能够为徒
步爱好者提供有用的信息，除了显示时间外，还具有指
南针、高度计、GPS 导航、气压计和深度计功能。卡西
欧手表的独特个性之一，在于其所使用的机芯都是石英
电子机芯。除了定期更换普通电池外，部分表款还配备
了 Tough Solar 装置，表盘上集成了一块小型太阳能电池，
能够为手表供电。

Pro Trek PRT-1
第一款配备 GPS 导航的石英电子
腕表，约 1990 年

G-Shock DW-9300
石英电子腕表，搭载 Tough Solar
太阳能电池，1998 年

G-Shock DW-5000
石英电子腕表，树脂表壳，
G-Shock 系列的第一款表，
1983 年

G-Shock DW-3000
专为航空飞行员设计的手表，
可承受 15g 的重力加速度，
2010 年

MR-G Hammer Tone
日本锤起工艺（Tsuiki）技艺
精湛的工匠手工制作的钛金
属腕表

香奈儿
Chanel

　　香奈儿，是高级时装和简洁线条的极致精美的代名词，散发着独特魅力。香奈儿的品牌风格形象，除低调的奢华外，每一件单品都散发着独特个性，可可·香奈儿 (Coco Chanel) 不断汲取灵感，这位"小姐"彻底颠

可可·香奈儿女士著名的肖像照，背景为芳登广场

与香奈儿五号香水一样，这家法国高级时装品牌的腕表也尽显女性的柔美与优雅。男性腕表中也不乏惊喜之作，高科技陶瓷 J12 计时码表，在运动腕表界炙手可热。

开篇：
Mademoiselle Perles
石英电子腕表，黄金表壳，黄金与珍珠表链

Première

石英电子腕表，
精钢表壳，精钢
与黑色皮革表链，
1987 年

J12

自动腕表，带日
期，高科技白色
精密陶瓷表壳，
钻石表圈

Matelassée

石英电子腕表，
黄金表壳与表链

覆了 20 世纪的审美，打造了时至今日依旧无与伦比的
风格，成就了香奈儿的"神话"。在腕表领域，由贾克·海
卢（Jacques Helleu）亲自操刀，于 1987 年设计推出了
Première 系列腕表，表盘的八角形轮廓与历史悠久的香
奈儿总部所在的巴黎芳登广场的形状如出一辙。其他几
款腕表也用无限魅力征服了国际市场，例如 1990 年推
出的向品牌创始人致敬的 Mademoiselle 系列腕表，黄金
和珍珠装饰、经典香奈儿风格皮革交织链，为完美的方
形表壳锦上添花；Matelassée 系列珠宝腕表，在表链上融
入了品牌包袋的经典绗缝菱格花纹；以及随后的采用数
字时显的 Chocolat 系列，都具有强烈的审美冲击力。

随着 J12 在 2000 年的横空出世，香奈儿将目光转
向男款腕表，并演化出多个版本，如"三针腕表"。之
后推出的 J12 系列计时码表和陀飞轮腕表中都融入了运
动灵魂，在设计中注入了汽车与帆船的体形和色彩元素，
其表壳和表链材料选用高科技精密陶瓷，也成了 J12 最
具辨识度的特征之一。

J12 陀飞轮

手动上链陀飞轮腕表，陶瓷和白金
材质，贾克·海卢原创设计，限量
12 枚，2005 年

Première

这两款珠宝腕表，代表了香奈儿早期腕表时
至今日的演变，上图一款材质为精钢、精密
陶瓷和钻石，下图一款材质为白金和珍珠

J12 Rétrograde Mysterieuse

神秘逆行系列，精密陶瓷和白金表壳，可调式表冠，10—20 分钟刻度逆跳分针，限量 10 枚

J12 Marine

自动潜水腕表，防水深度 300 米，精密陶瓷表壳，橡胶表带，镂空用于排水

Premiere Tourbillon Volant

浮动式陀飞轮腕表，白金打造，镶嵌钻石，独特而纯粹的工艺之美：陀飞轮笼架包含 73 个元件，重量仅为 0.432 克

J12 一经推出，立即在全球范围内大获成功。除了黑白经典两色的精密陶瓷外，随后还推出了 Chromatic 钛陶瓷腕表系列，在黑色与白色之间可幻化出变幻的色彩。为了满足国际市场的不同需求，J12 虽推出了不同直径的表壳，但其开拓精神和风格保持不变。香奈儿也不乏在技术方面的锐意创新，例如与爱彼合作开发的 J12 Calibre 3125 机芯，覆有高科技黑陶瓷涂层的黄金材质上链摆陀使其独具特色。而 J12 Rétrograde Mystérieuse 神秘逆行腕表，是具有 10 天动能储存、分钟数字显示和逆跳分针的陀飞轮腕表，搭载由 Renaud e Papi 团队专为香奈儿订制的 Chanel RMT10 机芯，是令人惊叹的腕表杰作。限量 10 枚，黑色精密陶瓷表壳，由白金或玫瑰金点缀。

魅力与奢华是萧邦的成功因素，20 世纪 80 年代，该品牌将目光投向华丽和造型独特的腕表，让其在尊贵人士的腕间闪耀。

萧邦 Chopard

萧邦的历史始于 1860 年，当时路易 – 于利斯·萧
邦（Louis-Ulysse Chopard）在松维利耶（Sonvillier）
开设了自己的制表工坊，专门制作怀表，在长期的国
外旅行期间也推广自产的时计，特别倾向于向东欧市
场扩张。20 世纪初期，这家不断壮大的公司迁至日内
瓦。萧邦的制表中有浓厚的历史印记，这也是其鲜明
的特色。

转折点发生在 1963 年，创始人最后一位承
接制表行业的后嗣保罗 – 安德烈·萧邦（Paul-
André Chopard），决定将公司的所有权转让给舍费
尔（Scheufele）家族——活跃于德国普福尔茨海姆
（Pforzheim）的高级珠宝公司 Eszeha 的所有者。卡
尔·舍费尔（Karl Scheufele）在妻子卡琳（Karin）及其
子女也就是公司副总裁的卡罗琳（Caroline）和卡尔 – 弗
雷德里克（Karl-Friedrich）的协助下，在短短几年时间
内，就成功将萧邦打造成一个以积极进取精神和强烈审
美冲击力脱颖而出的品牌，产品线包括腕表、珠宝和配
饰。为满足不断增长的客户需求，萧邦将总部迁至位于
日内瓦工业区梅林的新工厂。品牌所采取的销售政策基
于少数精选的特许经销商和品牌专卖精品店的密集网络。
日内瓦的第一家萧邦专卖店于 1986 年开业，随后在世界

开篇：

Mille Miglia

腕表底盖，萧邦 Mille Miglia- 2004 年版，
老爷车拉力赛盛事纪念款，精钢表壳

Mille Miglia 的广告
海报，1935 年

主要城市开设了多家专卖店。在腕表方面，有多个表款经久不衰，成功之路由 1976 年推出 Happy Diamonds 系列腕表开启，如今其已经成为品牌的最畅销系列，不仅适用于女性，也适用于男性，珍贵的美钻能够在该表款的表盘上自由滑动。八年后，萧邦的第一款运动腕表 St. Moritz 问世。十年之后，运动腕表的巅峰之作——配有"三眼"或计时码表的 Mille Miglia 系列腕表诞生，这是为纪念 50 年代一年一度的著名意大利赛车传奇，即在

Eszeha Chopard

自动机械腕表，玫瑰金表壳
右侧：手动上链女士腕表，玫瑰金材质舍费尔家族企业 Eszeha 公司成立 100 周年纪念款，这两款腕表均限量发行 100 枚，2004 年

L. U. C.

Quattro Tourbillon

手动上链陀飞轮腕表，玫瑰金表壳，限量 100 枚，此外还有铂金版限量 100枚，2003 年

罗马和布雷西亚之间穿梭的香车盛宴而设计的。至于珠宝腕表，除了 Happy Diamonds 系列之外，La Strada 系列和 Ice Cube 系列也是极具魅力的腕表，还有经典款型的 L. U. C. 系列腕表（品牌创始人最初的系列），都在萧邦位于塔威山谷（Val-de-Travers）的弗勒里耶制表工坊生产，这些腕表配备多个高品质发条盒，动力时间更长。L. U. C. 系列的杰作当属 L. U. C. Quattro Tourbillon 腕表，手动上链，搭载最顶尖的机械机芯。拥有旷世颜值，不论是显赫名流还是国际明星，都对其青睐有加，在诸如戛纳电影节这样的重要场合均有亮相。

Golden Diamonds

白金表壳，镶嵌钻石

Happy Sport

精钢表壳表链，可滑动钻石，
贝母表盘，钻石表圈

Haute Joaillerie

白金腕表，镶嵌长方形钻石

西铁城

Citizen

前身为山崎龟吉于 1918 年创立的尚工舍时计研究所，数年之后才采用了西铁城这个名称。早期制造怀表，随后这个日本品牌不仅专注于腕表，更是投身于最接近我们时代的高科技研究。

自 20 世纪 50 年代以来，西铁城取得了重大进步，推出了带有日历和机械闹钟的表款，更让人难忘的是其 1956 年推出的配备了防震装置的 Parashock 防震手表将精进技术推向了顶峰，随后于 1959 年推出的 Parawater 手表，采用了防水表壳。60 年代，西铁城开发出具有前卫动感的新品，1966 年的"X-8"和"Cosmotron"都是最好的证明，后者更是世界上第一枚能够不间断连续运行一年的电子表。1970 年，西铁城在当时史无前例地使用了钛金属表壳，这一技术也推动了 Super Titanium 舒博钛的诞生，并凭借技术创新和美感获得了专利。70 年代，西铁城专注于制造石英表，同时也伴随着液晶 LCD 技术的应用和越来越严格的精度参数，1975 年推出的 Crystron Mega Quartz 手表就采用了极高的运行频率，减

X-8 Chronometer

石英自动机芯腕表，钛金属表壳，1970 年

Promaster Aqualand

石英电子潜水腕表，精钢表壳，具有位于九点钟位置的传感器和深度计，约 2010 年

Bullhead

飞返计时码表，历史表款的当代再版，Super Titanium 舒博钛表壳，Ecodrive 机芯，2020 年

Quartz Crystron

采用太阳能供电电池的第一款手表原型，1976 年

Satellite Wave

石英电子腕表，能够接收来自 24 颗环绕地球的卫星同步信号，2011 年

少了动力的浪费。在运动腕表方面，西铁城在 1985 年推出了 Aqualand 基础款腕表，带有自动深度计，并有多个版本可供选择，获得了海底探险家们的青睐。此外，西铁城还尝试使用太阳能提供动力的生态概念，1995 年推出 Eco-Drive 光动能手表，这是一种无限充电的太阳能电池系统，可以使用任何光源进行充电，无须定期更换电池。革新的脚步从未停止，其推出的无线电控制手表，能够自动同步卫星提供的精确时间。

昆仑表制造出了多款最具原创性的现代时计，这要归功于其动感和前卫的风格，为时计赋予了全新的概念，其中一些表款已经成为当代制表界锐意创新和趣味多彩的代名词。

昆仑表 Corum

昆仑表是由加斯顿·里斯（Gaston Ries）和其侄子勒内·班瓦特（René Banwart）在 1955 年共同创立的，后者曾有在百达翡丽和欧米茄工作的经历，品牌名称 Corum 一词源自拉丁文"quorum"，其首批腕表在 1956 年的巴塞尔钟表展一亮相就吸引了众多目光。20 世纪 60 年代，勒内之子让－勒内·班瓦特（Jean-René Banwart）也加入到了公司的管理中。昆仑表的崛起，得益于其极具冲击力的美感和独创性的设计：1964 年推出的 Moneta 金币腕表，表壳由真正的金币制成，经巧妙切割，正面作为表盘，背面作为底盖。随后，又使用 20 美金的硬币（即俗称的"双鹰"）设计了一款独树一帜的腕表，深得美国人的喜爱，也宣告了品牌在全球范围内的成功。Admiral's Cup "海军上将杯" 是昆仑表另一个历史悠久的系列腕表：其名源自帆船比赛。1960 年推出了方形防

Coin Watch

腕表有两个版本，以真正的金币制造，约 1960 年

Meteorite

黄金材质计时码表，表盘由真正的陨石切割而成，约 1980 年

Golden Bridge

20 世纪 80 年代的两款原始版本，搭载由文森特·卡拉布雷斯原创的长方形机芯

开篇：
Golden Bridge

手动上链腕表，玫瑰金和蓝宝石水晶表壳，长方形机芯，上链表把位于六点钟位置，昆仑表品牌 50 周年纪念款，限量 50 枚，2005 年

水腕表，底盖上刻有帆船的轮廓。20 世纪 80 年代的表款见证了 Admiral's Cup 系列腕表的深刻演变：表壳变为十二边形，表盘上刻有国际航海旗。

1980 年，Golden Bridge 腕表问世。这款腕表是基于文森特·卡拉布雷斯（Vincent Calabrese）的专利打造的，搭载独创的线性机械机芯和黄金表桥，整个结构内置于表壳中，表壳将机芯的黄金结构、表壳本身和巴卡拉水晶融为一体。20 世纪 90 年代所取得的卓越成就，进一步提升了品牌的声誉，2000 年品牌由 Wunderman（伟门）接手之际，昆仑表再次迈进成功的赛道。

Privateer
泡泡系列特别款，精钢材质，限量 250 枚

Bubble
精钢表壳，蓝宝石水晶超弧形大表镜，约 2000 年

为了这个以前卫著称的品牌的发展，Wunderman 将传统与想象力融为一体。从具有浓烈古典风格和传统工艺的表款，到贯穿昆仑表自成立至今的整个历史的璀璨珠宝腕表，产品线中各个系列特色鲜明且富有创新精神。昆仑表的近期代表，非 Bubble 泡泡系列腕表莫属，该系列腕表自 2000 年推出以来，一直是最受追捧的品牌热门产品之一：采用精钢或黄金材质的超大表壳（直径可达 45 毫米）和同类中独一无二的蓝宝石水晶圆弧表镜，该系列所有款型的厚度几乎都接近 2 厘米。明亮色调的表盘是昆仑表的另一个特色元素，常采用独创的珐琅，展示源自漫画世界的灵感主题。例如在众多表款之中，Jolly Roger 腕表采用了海盗骷髅造型和骨头形状的指针，

"恶魔风"的 Lucifer 腕表，而 Casino 腕表的表盘再现了赌场轮盘桌；Bubble 泡泡系列的"飞虎队"特别款为纪念这支第二次世界大战中的战队，表盘采用了彩色战斗机的设计。

Admiral's Cup Tides
自动精密计时码表，精钢材质，带月相和潮汐显示功能

Admiral's Cup Regatta
自动计时码表，精钢材质，自动机芯，天文台认证，带有航海器刻度时标

DB 表 De Bethune

DB 表的诞生可以追溯至 2002 年，这个带有强烈工匠精神的品牌，由古董钟表商大卫·扎内塔（David Zanetta）在瑞士侏罗山区的拉绍奥伯森（La Chaux L'Auberson）成立。在品牌创立之后，他一心致力于制造复古风格的款式。引人注目的大尺寸表壳和特殊的卵形表耳，精心装配的机械机芯，前所未有的工艺特色，黄金材质表盘，都是对极致品质的追求。

La Luna in 3D
DB15手动上链机芯腕表，在上满链状态下，动力超过 4 天

DB 表以绝对的高品质、对传统制表大师的深刻敬意、对创新的极致追求，打造出既经典又走在科技前沿的作品。它完美诠释了如何将现代技术与古典风格融为一体，成就一款款兼具现代内涵与复古风格的杰作。

Cronografo Monopulsante
单按钮计时码表，手动上链计时码表，计时分钟显示（最大 45 分钟），玫瑰金表壳

DB 表每年应高端客户和收藏爱好者的需求，遵循特殊构造标准制造少量腕表。在最受青睐的表款中，值得关注的是 Cronografo Monopulsante 单按钮计时码表，具有计时大指针和分钟计时盘（45 分钟），而未配备其他附属显示，以突显其高端机芯的轻薄（表壳厚度仅 8 毫米）。表盘风格的严谨带来了极致的易读性，而品牌则一直坚持小众，这种定位的选择使品牌一鸣惊人，正如其 Calendario Perpetuo 万年历腕表，表盘上的蓝钢和铂金材质的球形立体月相，堪称不可思议的存在。

在机械机芯方面，DB 表在 2004 年推出了一款完全自主设计和制造的机芯，采用了创新的技术工艺和全新概念的摆轮 – 游丝：钛金属摆轮辅以尖端的铂金配重块，实现了惯性和重量之间的理想比例，从而提高性能。同时，游丝具有一个特殊的附属件，这也是 DB 表的独家构思。凭借卓越的工艺探索和美学研究，DB28 系列在 2011 年获得了日内瓦高级钟表大赏金指针奖。

DBS
立体月相腕表，铂金表壳，从表盘可见手动上链机芯

摆轮—游丝
由 DB 表制造的创新式调速装置：钛和铂金材质，定制游丝

97

德·克里斯可诺

De Grisogono

德·克里斯可诺，这个珠宝品牌随后发展成为卓越工艺和极致美学腕表制造的诠释者，它的诞生可以追溯到 1993 年：法瓦兹·格罗西（Fawaz Gruosi）先生基于多年经验，将感性、美感和新想法都引入腕表世界。他全身心地投入到他最喜欢的事业上，将他对珠宝和腕表的感受成功地付诸实践，以创新和激情重新诠释，并改变了腕表佩戴的感官体验。

德·克里斯可诺于 2000 年

艳压群芳的奢华演绎，强烈的风格冲击力，夺目而不锋芒毕露的宝石，绚烂的美丽幻想——德·克里斯可诺就是如此，而法瓦兹·格罗西在其中扮演了一位兼收并蓄的指挥家角色。

凭借 Instrumento N° Uno 腕表在制表界首次亮相，这是其常以宝石作为装饰的系列腕表中的第一款。炫耀夺目的黑钻在格罗西的创作中大行其道，成为其标志性的象征。最初期的表款，异形表壳搭载自动上链机芯，配备格林尼治标准时间（GMT）和大日历显示；随后推出的 Instrumento Doppio 腕表，带有计时码表和第二时区，可翻转式表壳，两个表盘上均有时间显示，Instrumento 系列随后推出了不同款式，同时还有专为女性设计的珠宝腕表系列。2005 年，Occhio 三问报时腕表问世，堪称精品：三问报时装置（时、刻、分的鸣响）和表盘上的光圈相结合，在操作问时拨柄时，光圈会打开。这个别出心裁的创意呈现出克里斯可诺风格，让人惊艳。

Instrumento N° Uno
双时区大日历腕表，自动上链，白金表壳钻石装饰，白色或黑色表盘

Instrumento Tondo
配备动力储存和模拟日历腕表，自动上链，白金表壳

Instrumento Doppio
双时区大日历计时腕表，自动上链，玫瑰金表壳，双表盘

玉宝

Ebel

玉宝是一段浪漫的传奇，其名称就讲述了品牌的两位创始人——夫妻二人的情感和事业伙伴关系：Ebel 一词是一个缩写，"Eb"为尤金·布洛姆先生（Eugene Blum）姓名的首字母，字母"e"作为连词"和"，结尾的字母"l"，则来自于爱丽丝·布洛姆女士（Alice Blum）的姓氏 Lévy 的首字母。1911 年成立于拉绍德封，

1911 Chronograph
带日历的自动计时码表，
玫瑰金表壳，约 1990 年

风格、优雅、设计感是玉宝最为鲜明的特色。自 1986 年起，玉宝将品牌总部迁至拉绍德封的土耳其别墅——由瑞士建筑大师查尔斯·爱德华·让纳雷（Charles Edouard Jeanneret）设计的建筑，而查尔斯以笔名勒·柯布西耶（Le Corbusier）闻名于世。

自 1986 年起玉宝总部所在地勒·柯布西耶设计的土耳其别墅

Tarawa

自动上链腕表，精钢表壳

玉宝除了为其他制表企业提供优质的机芯和表壳外，也制造自己品牌的钟表。令人为之着迷的是其专为女性设计的几款腕表：以钻石和宝石为饰，线条精致优雅。制表厂不断追求技术工艺的进步，自 1935 年起，玉宝表就在其生产链中采用质量检测和精密控制仪器，从而在竞争中脱颖而出。

转折点出现在 20 世纪 70 年代，皮埃尔 – 阿兰·布洛姆 (Pierre-Alain Blum) 进入管理层，带来了极其重要的风格创新。在其领导下，品牌也彻底改变了战略，从现代和极致的线条中汲取灵感，正如品牌的宣传语："玉宝，时间的建筑师。"20 世纪 80 年代，得力于与建筑的特殊联系，玉宝终于发展壮大。Sport Classic 经典运动系列腕表问世，表圈上的五枚螺丝和独特的波浪形表链是其鲜明的特征，随后又发布了 Beluga、1911、Discovery、Lichine 和 Tarawa（带有特殊的波纹状表壳）几个系列。而在 20 世纪 90 年代，品牌发生了诸多变革：1996 年，布洛姆家族将品牌出售给 Investcorp 集团，后于 1999 年由 LVMH 集团接手，五年后又易主至摩凡陀（Movado）集团。

玉宝 Brasilia 款腕表的广告，20 世纪 70 年代

Extra-fort、Tazio Nuvolari、Chrono 4 是依百克丰富的计时腕表系列中最为知名和最受欢迎的表款，同时也见证着这家自 1887 年以来致力于机械时计制造的瑞士制造商的历史。

依百克

Eberhard & Co.

1887 年，乔治-埃米尔·依百克（Georges-Emile Eberhard）在拉绍德封创立了依百克（Eberhard&Co.），品牌自成立伊始就致力于制造计时怀表，而其第一款腕表的问世可以追溯到 1919 年。这款腕表的问世在当时活跃的制表先锋时期产生了重大的影响：手动上链，单按钮（启动、暂停、归零三个功能均由位于两点钟位置的这个唯一的按钮操作），表盘上具有测速刻度，以铰链式底盖和焊接在表壳上的束状表耳来连接表带，这是当时计时码表的惯例，照搬了 19 世纪末期的怀表款式。依百克不断追求完美，20 世纪 30 年代也涌现出许多精彩之作，自动上链腕表和计时码表日益精进，如双按钮计

依百克总部的照片，20 世纪初

Cronografo

手动上链单按钮计时码表按钮位于两点钟位置，黄金表壳，1919 年

Cronografo

手动上链腕表，精钢表壳，粉红色表盘，具有测速和测距刻度，约 1930 年

Cronografo

手动上链，黄金表壳，黑色表盘，具有测速和测距刻度

开篇：
Cronografo

计时腕表，双按钮计时码表，手动上链，精钢表壳，约 1940 年

Extra-fort

分体式计时码表，手动上链，黄金表壳，三眼表盘，1950 年

103

时码表，在计时腕表的表盘行搭载了
小时盘（1938年）。正是在这些年里，
该品牌被意大利皇家海军指定为军官
手表的供应商。1939年推出的追针计
时码表奠定并确认了此品牌的重要地
位，该款表功能按钮与上链表冠同轴，
表壳直径也明显更大。20世纪50年代，
Extra-fort，这款经典设计的配备双计
时盘和太子妃式（Dauphine）指针的
双按钮计时码表，位于四点钟位置的
按钮具有独特的功能：通过滑动而非
按压操作，将计时指针归零，在时间
间隔后重新启动。

Tazio Nuvolari Vanderbilt Cup
自动计时码表，精钢表壳，按扣
可开式双后盖

左侧：
Traversetolo
手动上链腕表，大尺寸精钢表壳，
黑白表盘，约1996年

Tazio Nuvolari
自动计时码表，黄金表壳，黑色
表盘，perlage珍珠纹表圈

因创始人的孙女在一场悲惨事故中不幸离世，此品牌业务在 1962 年突然中断。依百克家族决定将品牌委托给经理人管理，继续传统业务，1967 年推出了搭载每小时摆动 36000 次的 Beta 21 机芯的石英表款，其坚守新品开发的决心可见一斑。在一段时间的沉寂之后，依百克在 80 年代重回主角之位，于 1983 年的美洲杯赞助了意大利 Azzurra 帆船队，1986 年赞助了意大利空军"三色箭"飞行表演队，并为合作伙伴制作了专门系列的腕表。1987 年，推出了庆祝品牌一百周年的计时码表 Navymaster，随后是带有潮汐显示的 Mareoscope 腕表。1992 年，推出了 Tazio Nuvolari 诺沃拉利老爷车赛自动计时码表，大获成功，该码表的计时盘位于 12 点和 6 点钟位置，表盘上再现了这位曼图亚赛车飞人的乌龟吉祥物，鱼鳞纹表圈，这种饰纹类似于 perlage 珍珠纹，让人联想到赛车仪表盘的饰面。随后的 Traversetolo 腕表，采用 43 毫米直径的表壳，而 8 Jours 八日链腕表，具有 8 日的动力，开启了更长动力储备机械腕表的先河。2001 年 Chrono 4 四驱系列腕表的推出更是依百克的一项重要创新，这款革命性的计时码表颠覆性地改变了四个计时盘的位置（计时码表的计时盘可显示 24 小时），横向呈一行排列；2005 年的 Temerario 腕表，计时盘则呈垂直排列。

Chrono 4 Temerario

自动上链机械计时码表，
酒桶形精钢表壳，首次将计时盘
垂直排列，2005 年

2006 年发布的 Scafodat 腕表则彰显了其对运动腕表的热情，这款腕表表壳即使在深水下也不会有任何问题；而 2010 年推出的 Gilda 系列则表现了迷人的女性气质，表壳的椭圆形线条给腕表整体赋予了柔和感，表盘上的钻石和贝母更是增添了亮眼的细节。

在第三个千年初期发布的腕表皆为品牌相关的重要周年纪念款，2007 年为庆祝品牌成立 120 周年，推出了一系列的计时码表；2011 年，Chrono 4 四驱系列腕表上市 10 周年，为了纪念这一里程碑，Chrono 4 Géant Titane 腕表和 Chrono 4 Grande Taille 腕表的表盘上标有红色的罗马数字 "X"（10）；2012 年，Extra-fort 腕表的发布也为这个瑞士品牌的 125 周年纪念营造了历史氛围。

Gilda 吉尔达系列

石英腕表，椭圆形精钢表壳，贝母表盘，大罗马数字，鳄鱼皮表带，2010 年

8 Jours Grande Taille

手动上链腕表，8 日动力储存显示，黑色或白色表盘，从表底的蓝宝石水晶舷窗可见发条桥板（左图），2008 年

Tazio Nuvolari Data

两眼自动计时码表，精钢
表壳，鳄鱼皮表带，串珠
纹黑表盘，夜光时标，黄
色镶边细节

Extra-fort

两眼自动计时码表，精钢
表壳，可视表底，鳄鱼皮
表带，2009 年

Chrono 4 Grande Taille

自动计时码表，4 个计时盘并排
设计，分别为小秒针、24 小时、
小时计时和分钟计时，精钢表
壳，2008 年

Chrono 4 Géant

自动计时码表，4 个计时盘
并排设计，分别为小秒针、
24 小时、小时计时和分钟
计时，46 毫米直径大尺寸
表壳，2010 年

绮年华

Eterna

开篇：
Eterna-Matic
手动上链腕表，长方形表壳，
精钢或黄金材质，1935 年

1856 年绮年华由约瑟夫·吉拉德（Josef Girard）和乌尔斯·维希尔德（Urs Schild）成立于格伦兴，最初它只致力于做"半成品机芯"，即不完整的机芯装置，将其出售给其他制表厂继续组装，直至 1876 年才生产出第一枚绮年华品牌的怀表。随后，品牌将制造业务分为两个板块：绮年华为完全自制的腕表品牌，ETA 则专注于机芯的研发。

Eterna-Matic
自动腕表，机芯摆陀安装在滚珠轴承上，
精钢表壳，约 1950 年
下图：表壳背面

绝对的精确度和可靠性是绮年华的基石，这个历史悠久的瑞士品牌的名字与当代历史上最令人难以置信的壮举之——探险家托尔·海尔达尔（Thor Heyerdahl）乘坐木筏横渡大洋紧密相连。

Porsche Design

自动上链计时码表，钛制表壳，橡胶表带，
限量 1911 枚

Porsche Design Indicator

自动上链计时码表，钛制表壳，
橡胶表带，带小时和分钟的数字指示，
限量 75 枚

Kontiki

自动上链腕表，带模拟日历，
精钢表壳

　　1914 年，第一款带有闹铃装置的腕表问世，而早在 1908 年，绮年华就以绝对的技术优势获得专利。1939 年，制造出了品牌第一个自动机芯，三年后，绮年华推出了一款带有脉搏计的计时码表，能够在表盘上读取即时心律。20 世纪 40 年代末，品牌推出了摆陀安装在滚珠轴承上的自动机芯，即著名的 Eterna-Matic 机芯，由于其所代表的技术创新的重要性，这个名字也成为品牌名称的一部分，五球滚珠图形成为绮年华表盘上的标志。1947 年，绮年华迈进了传奇制表企业的行列，原因是挪威动物学家和探险家托尔·海尔达尔想要证明古代人从秘鲁航行到波利尼西亚的可能性而乘坐木筏横渡太平洋，当时伴随着他航程的是一块绮年华腕表。1948 年，Kontiki 腕表问世，以纪念这次伟大的航海事件，这款表也由此成为品牌系列中最为幸运的表款之一。Kontiki20 腕表的防水深度达 200 米，随后，世界上最小的自动上链机芯和 Museum 腕表先后问世，该腕表搭载的石英机芯，整体厚度仅为 0.98 毫米。20 世纪 90 年代，绮年华推出了一系列历史表款的复刻版本，在斐迪南·保时捷（Ferdinand Porsche）将公司收购之后，品牌将部分生产投入到具有鲜明运动风格的 Porsche Design 保时捷设计系列腕表中。

儒纳
F.P.Journe

20 世纪 90 年代高级制表业的前沿制表品牌，当时才华横溢的制表师弗朗索瓦 - 保罗·儒纳将无懈可击的技艺和诗意盎然的直觉融入到腕表中，为机芯、表壳和表盘赋予一种古典风格。

开篇：
Octa Chronographe
自动计时腕表，铂金表壳，
金质表盘，当前在产

面对制表世界，弗朗索瓦 - 保罗·儒纳（François-Paul Journe）从经典中汲取灵感，以极大的创造力，将大师们笔下的线条重新诠释。儒纳出生于马赛，在巴黎和日内瓦完成了其职业培训。1999 年，以他的名字命名的公司在制表界首次亮相，虽然年产仅数块腕表，却深得小众腕表爱好者的认可和青睐。F. P. Journe–Invenit et

Tourbillon Souverain
手动上链陀飞轮腕表，铂金表壳，
金质表盘

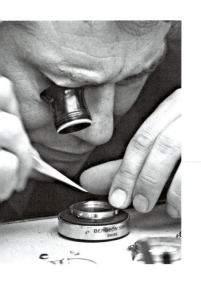

在其日内瓦的制表工坊中眼着寸镜、手持镊子的弗朗索瓦－保罗·儒纳

Chronomètre a Résonance

共振机芯精密时计，手动上链腕表，分体式机芯和表盘，铂金表壳，金质表盘

Fecit（借用过去制表师的拉丁语名词，在机芯上作为签名。对儒纳而言，这个单词意味着每一枚时计的诞生所历经的设计与概念之路）代表已到达的境界。

儒纳腕表的特色在于风格间的完美融合，巴洛克与极简主义相映成趣：在表盘的金质底座上，以小螺丝将真正的表盘固定，并以镀银玑镂刻花作为装饰，一些特殊系列还经过钉处理，令表盘底座和机芯呈现出特殊的灰色；机械机芯卓越超群，最近几季的机芯采用黄金桥板和夹板。

而儒纳最为珍贵的系列当属 Souverain 腕表，其中包括陀飞轮和 Chronomètre à Résonance 共振腕表两个表款，它们的机械装置几乎分为两个机芯，利用两个摆轮之间的共振原理实现极佳的精密计时性能。而 Octa 系列的所有表款都保持了一个"唯一框架"（夹板和部分元件通用），如 Rèserve de Marche、Chronographe 和 Calendrier。在表壳材质上，相较于几乎仅使用铂金和黄金的传统制表方式，儒纳反其道而行之，对于最珍贵的孤品运动系列腕表，使用精钢和铝，使其独树一帜。

Octa Lune

自动腕表，带动力储存显示，配备全日历和月相，铂金表壳，金质表盘

Octa Calendrier

自动日历腕表，铂金表壳，金质表盘

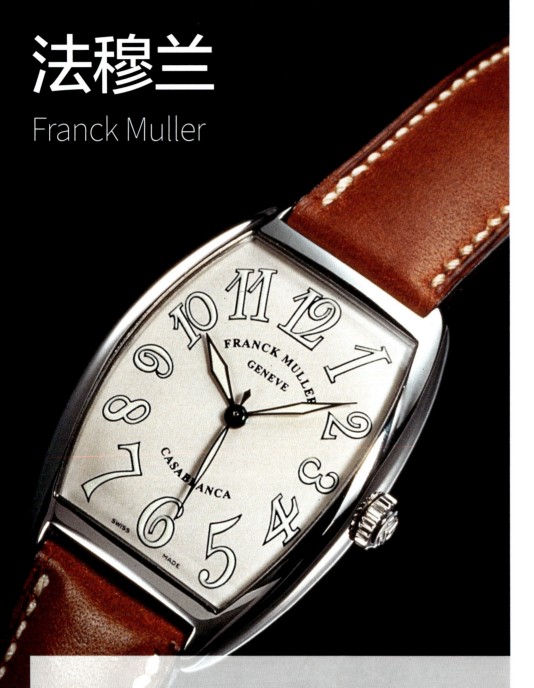

法穆兰

Franck Muller

幻想与技艺，醒目色彩与机械传统：法穆兰所代表的瑞士制表价值观，带着一种当代精神和现代视野。

开篇：
Casablanca
自动上链腕表，精钢 Cintrée Curvex
酒桶形表壳，约 1990 年

　　与法穆兰品牌历史密不可分的，是其用自身出众的工艺才华和强大的制表能力，缔造名声斐然的品牌企业的才能。出生于 1958 年的法兰穆先生，在完成了日内瓦制表学院的学习后，决定投身于钟表修复行业，这门艺术让他能够学习到最精湛的技术并接触到收藏界，后来他还在拍卖行和重要的基金会担任顾问。

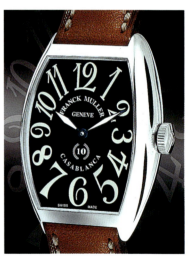

Casablanca 10 Anniversario
自动上链腕表，精钢 Cintrée Curvex
酒桶形表壳，Casablanca 10 周年纪念
款，2004 年

Crazy Hours
带跳时功能陀飞轮
腕表，铂金表壳，
2004 年

Double Mystery
自动上链腕表，铂金笼架，白金和钻石
表壳，钻石和蓝宝石表盘，通过三角形
时标显示小时和分钟

左侧：

Vegas Diamonds
自动上链腕表，配备 Vegas 功能，白金
表壳饰钻石，中央旋转圆盘轮盘，通过
固定时标显示时间

Tourbillon Revolution 2
技术图纸

看见辅助表盘）和 Casablanca，Casablanca 作为品牌最为畅销的表款之一，采用的是法穆兰最具特色的 cintrée curvex 设计表壳，具有修长的酒桶形线条和底盖的完美曲线，成为腕间佩戴的不二之选。

　　1998 年 Watchland 工作坊成立，成功助推了法穆兰梦想的实现，法穆兰的标志性腕表都在这里制造完成，再经由东京、大阪、日内瓦和米兰的精选表行和品牌精品店销售。

　　1983 年，品牌迎来了转折，法兰穆先生开始设计一款大胆的复杂功能腕表，跳时陀飞轮腕表。1986 年该腕表作为世界首创在腕表界首度亮相，法穆兰先生作为腕表界新生力量获得了肯定。在此之后，更多的机械珍品问世，陀飞轮、三问报时、万年历、计时码表的功能融合，这些腕表的制作难度和外形的平衡更是令人叹为观止。在最为著名的表款中，值得一提的是"双面"世界时间单按键计时码表（在两个表盘上显示时间，从底盖可以

Calibro 2000
万年历腕表，带大小鸣响和三问报时功
能，双表盘显示，2000 年

尊达

Gérald Genta

想象力，创造力，惊艳众人……这些都是尊达腕表的标签，作为奢侈品界最不拘一格的主角，黄金、钻石、米老鼠等元素相映成趣。

开篇：

Les Fantasies

自动上链腕表，金质八边形表壳，米老鼠图案表盘，约 1990 年

　　尊达是由著名的腕表设计大师杰罗·尊达（Gérald Genta）于 1969 年创立的同名品牌。尊达是意大利皮埃蒙特后裔的瑞士人，为多个腕表界重量级品牌设计出了无数款腕表，从宇宙表（Universal Genève）的 Polerouter 腕表，到宝格丽的 Bulgari-Bulgari 腕表，还有最深入人心的爱彼的 Royal Oak 皇家橡树腕表、百达翡丽的

Octo

自动上链腕表，带跳时显示和逆跳分钟，逆跳日期指针，玫瑰金表壳

Grande Sonnerie
多复杂功能自动上链陀飞轮腕表，
带大小鸣响和万年历，铂金表壳，
约 1990 年

Nautilus 鹦鹉螺腕表以及万国的 Ingenieur 工程师腕表。20 世纪 70 年代，正是尊达掀起了腕表设计的革命，他决定创立同名品牌，同时也释放出自己的创造力，成为众人瞩目的焦点，为腕表赋予了生命——这些腕表的共同之处就是想象力。何种表壳、何种表盘、何种机械机制，都已无关紧要，例如采用八边形表壳的 Octa 腕表，灵感来自于寻求独特腕表的三个意大利朋友（Gerani、Fissore 和 Canali）充满新鲜激情的 Gefica 狩猎腕表。尊达在指针上"大做文章"，将米老鼠的手臂作为时针和分针，在奢侈品世界中引入卡通形象，而在工艺和机械性能方面却丝毫不打折扣。1994 年在品牌成立 25 周年之际，推出了 Grande Sonnerie 大自鸣腕表，这是最为复杂的腕表之一，8 个复杂功能和表圈上的 8 个刻度盘是其独特之处，仅制作了数枚（为庆祝品牌 30 周年，曾推出了一个类似表款，在四音锤上增加了威斯敏斯特的钟鸣）。在 90 年代推出的全新腕表中，最引人注目的是具有跳时和逆跳分钟的腕表，这一专利装置搭载于各种形状的表壳之中。尊达品牌的所有权也经历了两次变更：1996 年，品牌由亚洲投资集团 Hour Glass 收购，2000 年出售给宝格丽。2011 年，尊达先生辞世，享年80 岁。

Solo
自动上链腕表，带跳时显示和逆跳分
钟，逆跳日期指针，精钢表壳，目前
在产

Arena
自动上链腕表，带跳时显示和逆跳分钟，
逆跳日期指针，精钢表壳

GP 芝柏表是瑞士历史最悠久的制表品牌之一。对工艺的不懈追求，能够创作出兼具出色机芯和绝美效果的作品，GP 芝柏表做到了，它从石英到三金桥陀飞轮，深入的追寻与探索永不停止。

GP 芝柏表 Girard-Perregaux

1967 年由达斯汀·霍夫曼、安妮·班克罗夫特和凯瑟琳·罗斯主演的电影《毕业生》海报，其意大利译名为"Laureato"，在意大利经销商的建议下，GP 芝柏表为产品取了相同的名字，即 Laureato 桂冠系列

作为瑞士历史最为悠久的制表品牌之一，GP 芝柏表的起源可追溯至 1791 年，这一年制表师让－佛朗西斯·布特（Jean-François Bautte）在日内瓦开设了制表工坊。1856 年，拉绍德封的制表师康士坦特·芝勒德（Constant Girard）迎娶妻子玛莉亚·柏雷戈（Marie Perregaux）。1906 年，GP 芝柏表收购了布特的制表厂，也由此掀开了其制表传奇的历史开端。GP 芝柏表的著名之作，Esmeralda 怀表以及精彩绝伦的"三金桥"陀飞轮怀表，分别在 1867 年和 1889 年的巴黎世界博览会上荣获金奖。这是一款技艺极为复杂的怀表，黄金作为功能元件使用，包围机芯活动元件的桥板也由贵金属制成。用创新的精神来观察时间机器，这种能力推动康士坦特·芝勒德开创了腕表的制表概念，是制表历史上绝对的先驱之一。

开篇：
Laureato Evo3
自动计时码表，带万年历，玫瑰金表壳

开篇下图：
Laureato Evo3
自动计时码表，带中央分钟计时盘和日历，精钢表壳和表链

左侧：
Laureato
带日历、月相和黄道显示腕表，石英电子机芯，约 1980 年

右侧：
Laureato
带模拟日历腕表，位于 12 点钟位置，精钢和黄金材质表壳和表链，1984 年

Laureato
石英电子腕表，精钢与黄金材质表壳和表链，1975 年

Gyromatic

异形腕表，精钢表壳与
表链，搭载 Gyromatic
上链机芯，每小时振动
36000 次，1970 年

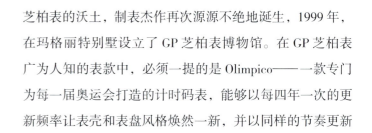

Circuito Integrato

精钢表壳腕表，石英电子机芯，
1970 年
上图：融入了集成电路图案的表
盘细节

Gyromatic

精钢表壳腕表，搭载
Gyromatic 上链机芯，
获得纳沙泰尔天文台
证书，1967 年

芝柏表的沃土，制表杰作再次源源不绝地诞生，1999 年，
在玛格丽特别墅设立了 GP 芝柏表博物馆。在 GP 芝柏表
广为人知的表款中，必须一提的是 Olimpico——一款专门
为每一届奥运会打造的计时码表，能够以每四年一次的更
新频率让表壳和表盘风格焕然一新，并以同样的节奏更新

19 世纪末，普鲁士国王威廉一世在柏林国际博览会上，
向 GP 芝柏表订购了一定数量的腕表供德国海军军官使
用。1880 年开始交付的最初表款，搭配一根基本款的皮
革表带，并采用一个非常坚固的网格来保护表镜。20 世
纪，品牌致力于满足人们对全新读时方式的需求，即将
时计佩戴在身而不是装进口袋里。

随后，GP 芝柏表不断扩大其在美洲和亚洲的商业影
响力，公司迁至拉绍德封的芝勒德广场一号。这里是 GP

Digitale

模克隆（合成材料）
材质腕表，石英电子
机芯，LED（电致发
光二极管）数字时间
显示，1976 年

Anni Dieci
20 世纪早期的四款腕表，圆形或
异形表壳，具有突出的 GP 芝柏表
的美学风格特征

着技术应用。在自动腕表的道路上，GP 芝柏表从 1935 年
开始就在精确性的基础上致力于技术研究，并于 1957 年
推出了 Gyromatic 腕表，这是 20 多年积累的丰硕成果。引
领行业趋势，成为 GP 芝柏表的独特性之一，品牌于 1966
年推出了第一款每小时振动 36000 次的高频机械机芯。

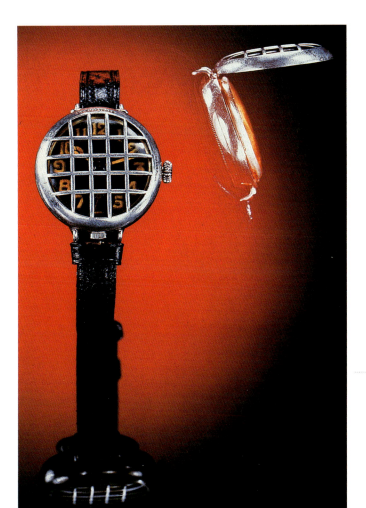

Militare
灵感来自 GP 芝柏表为德国海军军
官制作的腕表，约 1900 年

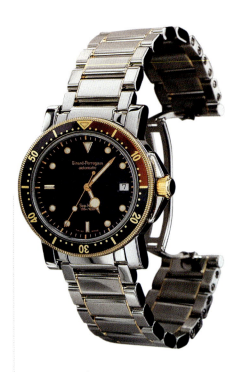

Sea-Hawk

自动腕表，精钢和黄金材质表壳与表链，
防水深度 500 米，1989 年

1969 年，石英在制表界掀起了一阵热潮，GP 芝柏表
推出了一款机芯，具有 32.768Hz 的振荡频率——适合于
石英表的工作原理和能耗的频率。鉴于所采用的分频器可
达到的可靠性，这款机芯后来成为石英表采用的标准基础。
在美学方面，Laureato 桂冠系列腕表在 20 世纪 70 年代问世，
这个名字还是由当时的意大利进口商提议的，其采用八角
形表圈和一体化表链，大获成功。

Vintage 1945

手动上链腕表，黄金表壳

S.F.Foudroyante

自动计时码表，带 1/8 秒计
时秒针，玫瑰金表壳，法拉
利车队纪念限量版，1999 年

Sea-Hawk II

自动上链腕表，带动力储存显示，精钢
表壳和表链，防水深度 300 米

而接下来的十年，芝柏表登上了制表技艺的巅峰，以 1981 年再版的三金桥陀飞轮怀表为代表，之后又推出了相同机芯的腕表。1993 年 GP 芝柏表与法拉利建立了重要的合作关系，推出限量款腕表，这一时刻也见证了品牌表款的重新诠释：Tribute to Ferrari 系列腕表中，最稀有的是追针计时码表和限量版万年历计时码表 Ferrari F50 腕表；为了庆祝双方合作十周年，还推出了 Tribute to Enzo Ferrari 腕表，这绝对是一枚令人惊叹的三金桥陀飞轮腕表，具有计时码表和万年历。品牌在运动腕表方面推出了具有完美防水性能表壳的 Sea Hawk 腕表、再版 Laureato 腕表和 WW.TC 世界时计——这枚具有"世界时间"显示的自动计时码表，具有巨大的美学冲击力。而 GP 芝柏表的经典线条，在 Richeville 系列腕表的酒桶形表壳和 Vintage 1945 系列腕表经现代演绎的复古风格中，得到了完美表达。

Sous Trois Ponts d'Or
三金桥陀飞轮腕表，玫瑰金表壳，玫瑰金材质自动上链机芯桥板，镂空机芯，2003 年

格拉苏蒂原创 Glashütte Original

格拉苏蒂原创，1845 年诞生于厄尔士山脉地区，与德累斯顿只有几公里之遥的格拉苏蒂小镇，是传统制表的灵感源泉，也是其独树一帜的印记。从格拉苏蒂德国制表学院源源不断走出的制表工匠，为格拉苏蒂地区的制表技艺带来了发展，费尔迪南多·阿道夫·朗格，朱丽亚斯·阿斯曼（Julius Assmann）和阿尔弗雷德·海威格（Alfred Helwig）三位无疑是当之无愧的主角。出自他们三人之手的作品，在 19 世纪末至 20 世纪初，是最受青睐的时计。

开篇：

PanoRetroGraph

首款具有倒计时功能的机械计时码表，具有三重声音信号，铂金表壳，限量发行 50 枚，2001 年
右图：
腕表的手动上链机芯 60

经过战后漫长的"沉寂"之后，许多企业重返萨克森东山再起，作品中具有浓重的"德国制造"风格。在这样的背景之下，格拉苏蒂原创以顶级工艺而声名远播。

在近百年的历史中，格拉苏蒂经历了两次极其困难的时刻，两次都与战争相关：第一次世界大战后，普遍的经济危机导致行业低迷，但格拉苏蒂地区的制表企业成功转向了腕表、航海计时器和精密仪器的制造；第二次世界大战结束之后，经济复苏遭受了严重威胁，这源于德国的分裂（萨克森，也就是格拉苏蒂地区属于东德的部分，从而被西方世界孤立）。后在苏联的强制政权下，所有的制表厂都被合并为一个联合国营企业——格拉苏蒂表厂（VEB Glashütter Uhrenbetrieb）。在德国统一之后，原来的国营企业被私有化，1994 年，"格拉苏蒂原创"品牌诞生了，后于 2000 年被斯沃琪集团收购。品牌引入

格拉苏蒂原创焕然一新的制表厂

Karree
玫瑰金表壳万年历腕表
下图：腕表的机械核心，机芯 42

Sport Evolution Chronograph
自动上链计时码表，
精钢表壳和表链

了全新的质量标准，致力于开发创新高科技机械机芯。在德国制表业的全新旅途上，格拉苏蒂原创的作品有：万年历陀飞轮腕表 Julius Assmann 1（1995 年），第一款具有倒计时功能的机械计时码表 PanoRetroGraph（2001年），以及拥有精美陶瓷表盘的 Meissen 系列腕表。

从陪伴美国军人极地探险到猫王等好莱坞电影主角的腕间之物，1892 年以来，汉米尔顿一直是星光熠熠的美国制表业中的代表，其腕表以创新、技术和设计而闻名遐迩。

汉米尔顿不对称表壳腕表

左侧：

Pacermatic

自动上链，镀金精钢表壳，约 1960 年

右侧：

Hamilton Ventura

全世界第一枚电池动力腕表，黄金表壳，1957 年

汉米尔顿

Hamilton

在 1892 年的宾夕法尼亚州兰开斯特，美国制表业见证了汉米尔顿的诞生。1983 年，汉米尔顿在《哈珀斯》杂志上推出了一则广告"铁路精密时钟"，其中展示了专用于铁路的怀表 Broadway Limited（百老汇限量版）。在当时的美国，列车的效率和准时性是不可或缺的需求，因此其无与伦比的精确度备受赞赏。1908 年女士腕表 Lady Hamilton 首次亮相，展示了品牌在快速适应市场需求方面的巨大灵活性，也正是得益于这一能力，使得汉米尔顿在整个 20 世纪都能展现其创造才华。

《哈珀斯》杂志中的汉米尔顿广告，"铁路精密时钟"

Spectre
电子腕表，金质层压不对称表壳，约 1950 年

Victor III
电子腕表，金质层压不对称表壳，约 1950 年

与美国军队的合作是汉米尔顿重要的基石之一，可追溯至 1910 年。汉米尔顿根据美国军方的特定要求制作表款，在 20 世纪 40 年代，第二次世界大战时期，其为美国军方制作了超过一百万枚腕表。而美国政府推动的航空、陆地、海洋和太空探险的重要人物，也向汉米尔顿伸出橄榄枝，在海军上将伯德的极地探险中，当皮卡尔德兄弟第一次飞上平流层的时候，陪伴他们的都是汉米尔顿腕表。

兼具可靠的性能和极富美感的外观，是 20 年代和 30 年代汉米尔顿作品的特点。于 1928 年推出的 Piping Rock 腕表就展示了这一点，表壳融合了酒桶的弧形线条，后来推出的 Ardmore 腕表、Benton 腕表和 Boulton 腕表，灵感皆来自于该款表的外形。

50 年代汉米尔顿迎来了技术创举：1957 年问世的 Ventura 探险腕表，其不对称表壳让人想到当时美国的汽车长龙，同时，这也是世界上第一枚电池动力手表。这块设计前卫的创新腕表，被"猫王"埃尔维斯·普雷斯利（Elvis Presley）所钟爱，并在电影《蓝色夏威夷》的一些场景中佩戴。在大银幕上首次亮相之后，汉米尔顿腕表又出现在其他美国明星的腕上，"参与"了众多影片的拍摄，如 1966 年的电影《2001 太空漫游》——斯坦利·库布里克（Stanley Kubrick）的巨作。

Pulsar

第一款数字显示腕表，石英电子机芯，精钢表壳和表链，1970 年

Piping Rock

手动上链腕表，融合了酒桶形曲线的精钢表壳，底盖上镌刻了洋基队在世界棒球联赛中的胜利，1928 年

汉米尔顿电子手表发展的标志是 70 年代诞生了第一款液晶显示腕表 Pulsar。表盘上夜光液晶显示开创了一种全新的读时方式，后来被石英表制造商尤其是日本制造商采用。在同一时期，汉米尔顿被 SMH 即现在的斯沃琪集团收购，为其近年来的发展作出了贡献。从过去汲取灵感，搭载"瑞士制造"机芯的腕表分为两个各具特色的产品线：American Classics 美国经典系列和 Khaki Collection 卡其系列，将传统美学与当代风格相融合。汉米尔顿在推出新产品的同时，也推出了再版的表款，男款女款皆有，并着眼于在表款中引入新机械机制的新功能。而运动型表款——卡其系列腕表则代表了汉米尔顿与军用手表的紧密联系：严谨凌厉的表盘结合缎面工艺的表壳。这一设计策略尤其受到腕表爱好者的追捧，并得以在 90 年代众多电影如《珍珠港》《黑衣人》《致命武器 4》和《独立日》中亮相。

左侧:

Khaki

手动上链腕表，精钢表壳，布质表带，黑表盘，约 1940 年

中间:

US Navy Watch

手动上链腕表，精钢表壳，约 1940 年

右侧

Army Field

手动上链腕表，精钢表壳，约 1940 年

海瑞温斯顿 Harry Winston

它既是"钻石之王"，也是卓越制表工艺的精致诠释者，兼具无与伦比的美学与高超技艺的机芯——2000 年问世的匠心传奇 Opus 系列腕表，是对顶级制表才华的传承与激励。

海瑞·温斯顿（Harry Winston）的传奇始于 1920 年，这位美国珠宝商领导的第一家珠宝公司 Premier Diamond 在曼哈顿设立。随着 1932 年在纽约洛克菲勒中心（Rocketter Center）的海瑞温斯顿沙龙开业，公司站上了珠宝界的顶峰。海瑞温斯顿彻底颠覆了钻石的概念，不论是明星名流还是国际贵族，在海瑞温斯顿钻石的衬托之下都愈加充满魅力。海瑞温斯顿于 1989 年进军制表界，以独一无二和无与伦比的魅力诠释腕表，大获成功，推动品牌于 1998 年在日内瓦设立海瑞温斯顿珍稀时计部门，并于 2007 年在日内瓦区设立海瑞温斯顿制表总部。

开篇：

Ocean Sport

自动计时腕表，锆铝合金表壳，弧形蓝水晶表盘，防水深度 200 米

Premier Ladies

白金钻石珠宝腕表，贝母表盘，钻石时标，自动机芯

Ocean Triretrograde

自动计时腕表，偏心式时间显示，具有小时、分钟、秒钟逆跳，玫瑰金表壳，防水深度 100 米

对高端的追求一直都是海瑞温斯顿的初心：精钢在这里是销声匿迹的，只有黄金、铂金、钻石和宝石才是主角。从 Premier 卓时腕表到 Avenue 第五大道腕表，再到风情万千的 Talk to Me 腕表，海瑞温斯顿让人耳边回响起玛丽莲·梦露对珠宝爱的宣言——歌曲《钻石是女孩最好的朋友》。第五大道 Avenue 系列腕表三道拱门造型与上链表冠或表耳相映成趣，经典的造型让人不禁回想起纽约第五大道旗舰店的建筑元素。Ocean 海洋腕表和 Midnight 静夜腕表，分别为运动风格和为正式的社交晚宴而设计。自 2000 年以来，海瑞温斯顿与当代制表界的传奇工匠艺术家联手打造的 Opus 匠心传奇系列腕表，用令人折服的机械想象力来重新定义时间，已成为腕表爱好者和收藏家的偏爱表款。

爱马仕

Hermès

爱马仕在制表界的首次亮相可以追溯到20世纪20年代后期，位于巴黎圣特娜福宝大道的爱马仕，已经开始关注时计的制造，在随后的几十年中，与制表界的顶级伙伴们也有过偶然性的合作。经过近半个世纪之后，

Heure "H"
精钢表壳腕表，
钻石镶嵌表盘，
石英机芯

开篇：
Heure "H"
石英腕表，白金表壳，
贝母表盘，鳄鱼皮表带

爱马仕是优雅和奢华的代名词，它拥有一系列以运动为灵感的经典配饰。在制表界，这家法国品牌的名字与兼具功能和美学的创新款式精美腕表联系在一起，表带始终精选上佳的皮革制成，完美呈现"爱马仕风格"。

Kelly Clochette
经典锁头形吊坠式腕表，
爱马仕包袋同名系列，
石英机芯

爱马仕决定独立开展腕表业务，1978 年在瑞士比尔成立爱马仕制表分部 La Montre Hermès，制造严格遵循爱马仕自 1837 年成立以来在所有产品领域的高质量标准：珍贵材质或精钢，绝对可靠的简洁机芯，具有独特触感的皮革。

专为女士设计的表款具有强大的美学冲击力，Heure "H" 系列多个版本的腕表就是最好的证明，作为品牌象征的字母 "H" 幻化为充满个性的表壳，并常在表圈上饰以钻石。Harnais 腕表、Nomade 腕表、Belt 腕表、Glissade 腕表及 Kelly 腕表（取自爱马仕最 "火" 的包袋名称）是近年来问世的部分表款。在运动腕表方面，2003 年推出的 Dressage 腕表，因其卓越的机芯脱颖而出。

Harnais
有橙色和黑色两款，特色
是宽皮革表带上的马鞍针
缝线，石英机芯

Dressage
玫瑰金表壳腕表，带月相显示
和逆跳日期显示，瑞士机芯

宇舶表 Hublot

开篇：
Classic
自动上链腕表，黄金表壳，橡胶表带，
约 1990 年

宇舶表诞生于 1980 年：意大利人卡罗·克洛科（Carlo Crocco）在日内瓦创立了 MDM 公司（随后成为 Hublot 宇舶公司），很快就以其同名旗舰腕表 Hublot 名声大噪。贵重金属表壳和天然橡胶表带的融合，掀起了一场美学革命。这一大胆的创举与传统古典主义形成了鲜明对比，当时的腕表依旧以传统经典为主导，在这个时期，瑞士制表业正在从日本石英时代的冲击中逐渐复苏，在不到十年的时间里，腕表变成了一种真正的身份地位的象征。宇

Classic Fusion Tourbillon Squelette
经典融合系列陀飞轮镂空腕表，手动上链机芯钛金腕表，限量 99 枚

宇舶表在 20 世纪 80 年代的首次亮相，将黄金和橡胶融合呈现，"前卫创意"成为腕间风格与优雅的必需品，在一款结合了永恒的美学品质与工艺技术的腕表中变为现实。

舶表能够满足佩戴者想要惊艳众人的愿望，其独具的个性和极高的辨识度，工艺与美学的巧妙结合，在纯粹的形式与技术追求之间创造出一种运动腕表的全新概念。

品牌"Hublot"这个名字源自表壳的设计，其灵感来自船舶的舷窗，12 个钛金螺钉不仅能固定住表圈，还能作为指针的时标。宇舶表一举成名，搭配橡胶表带的腕表成为腕表爱好者新的追求，多年来无声的存在一朝演变成风尚。原有风格几乎保持不变，仅改动表壳的部分元素和搭载的复杂功能。从 Classic 系列腕表到带有上盖的 Elegant 系列腕表，再到以雕刻或珐琅设计装饰表盘的腕表；从石英电子机芯到电池动力；从计时码表到 GMT，再到防水的潜水表壳，多年来宇舶表从未停止创新。外形的彻底性变革发生在 2005 年，让－克劳德·比弗（Jean-Claude Biver）用 Big Bang 系列腕表为宇舶表

Classic Couvercle

自动上链腕表，精钢表壳，具有手工雕刻的按扣可开式上盖，约 2000 年

的制表带来了全新的生存方式，创新表壳的美感摄人心魄，在精钢、陶瓷、凯芙拉、黄金、钛金和橡胶之间实现了真正的"融合"。2008 年，宇舶表被 LVMH 集团收购。

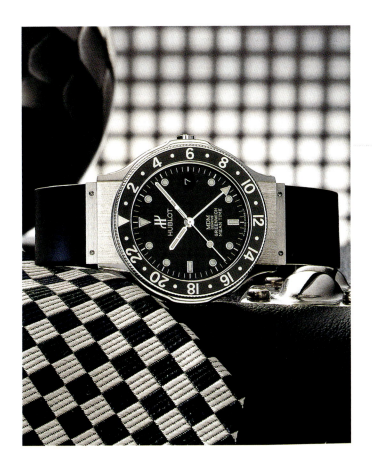

GMT

自动上链腕表，具有双时区功能，精钢表壳，约 1990 年

左侧：

Plongeur Professional

自动上链腕表，精钢表壳，防水深度 300 米，约 1990 年

右侧：

Classic

石英电子腕表，珐琅表盘，约 1990 年

Classic Fusion Racing Grey
自动腕表，带日历显示，直径 45 毫米金
质竞速灰表盘，带有缝制橡胶衬里的鳄鱼
皮表带

下图：
Classic Fusion Chrono
自动计时码表，带有 2 个计时盘，42 小
时动力储存，45 毫米饰钻石的金质哑光
黑表盘，黑色橡胶表带

吸睛的外观，精益求精的机芯，宇舶表的每一个演
变都能够从 Big Bang 系列、Classic Fusion 系列和 King
Power 系列的腕表中感受到，科技材料的力量常与全黑的
外观相结合，陶瓷表壳在黄金与钻石精雕细琢的装饰之
下幻化为一件精美的珠宝。限量系列成为宇舶表的专长，
宇舶表总是能抓住时机来庆祝体育明星或体育队伍的动
人时刻：篮球运动员德怀恩·韦德、牙买加飞人尤塞恩·博
尔特、一直备受爱戴却总站在风口浪尖的迭戈·阿曼多·马
拉多纳，以及世界最知名的足球队、热血沸腾的 F1 赛车
世界。2011 年宇舶表与法拉利跨界合作推出了限量版腕
表，表壳采用碳纤维、钛金或魔力金——一种宇舶表独
创的以陶瓷和黄金制成的合金，为表壳赋予了更坚固的
质量和前所未有的闪耀光芒。

Big Bang

自动上链计时码表，玫瑰金表壳，碳表盘，以钛金螺丝固定的黑色陶瓷表圈，带有复合树脂侧面嵌入件，结构化橡胶表带，蓝宝石水晶表底，内部可见自制机芯

IWC 万国表作为瑞士德语区的品牌，创立以来，一直专注于功能创新和技术精进，带动了腕表制作方法的革命，它的每一枚机械杰作，都见证了它为工艺进步作出的贡献。

万国表 IWC

IWC 万国表工坊内的工作场景，在这里对钟表进行最终检查，1920 年

"沙夫豪森的精良之作"，这句 IWC 的座右铭以最好的方式概括了该品牌制作每一枚作品所遵循的理念。IWC 是万国表公司 International Watch Co. 的缩写，由美国人佛罗伦汀·阿里奥斯托·琼斯（Florentine Ariosto Jones）和企业家约翰·亨利·慕时（Johann Heinrich Moser）于 1868 年创立于远离瑞士传统制表业核心地区的沙夫豪森。企业最初主要制造搭载琼斯机芯的怀表，表中有表冠上链装置的高精度机芯。

1875 年左右，IWC 万国表成为一家股份公司，所有权转移到沙夫豪森商业银行。五年后，公司被约翰尼斯·劳申巴赫－夫哥（Johannes Rauschenbach-Vogel）收购，其家族掌管公司多年。1890 年，IWC 万国表推出了第一枚 Grande Complication 超卓复杂型怀表，由超过 1300 个的机械元件构成。

开篇：
Militari
左图：大型飞行员腕表，1940 年
右图：抗磁款 Mark 11 腕表，1948 年

Great pilot's watch

精钢自动腕表，带日历和
动力储存显示

UTC

自动腕表，精钢材质，
第二时区数字显示

IWC 万国表在 20 世纪发布了早期的腕表款式，所搭载怀表表款使用体积较小的机芯。同一时期，IWC 万国表成为英国皇家海军和德意志帝国海军的腕表供应商，并为柏林有轨电车公司专门制造了一个抗磁腕表系列，即使在电动机产生磁场的条件下，该腕表的特殊结构也能保障其正常运行。1929 年，厄恩斯特·雅各布·鸿伯格（Ernst Jakob Homberger）成为 IWC 万国表公司的持有人。30 年代末期，IWC 万国表的旗舰表款之一 Portoghese 葡萄牙腕表问世了。当时，品牌收到了葡萄牙钟表进口商 Rodriguez 和 Texeira 的特殊订单：想要采用大直径表壳和极其易读表盘的精钢表款。为了满足两位卢西塔尼亚商人的要求，IWC 万国表的设计师们决定采用怀表所使用的手动上链机芯来打造腕表表壳。为了纪念这款腕表的目的地市场，取名为 "Portoghese"。

在第二次世界大战期间，IWC 万国表开始制造一系列军用特定表款，具有极高的坚固性和精确性，这就是"飞行员腕表"，采用黑色表盘和夜光时标，即使在照明欠佳的条件下也能读取时间。在最为知名的表款中，手动上链款 Mark XI 腕表脱颖而出，其大尺寸表壳、坚固的结构和极高的抗磁性，保护机芯免受任何外部应力的影响。1950 年，IWC 万国表推出了自产的自动机芯，时任品牌技术总监的阿尔伯特·比勒顿（Albert Pellaton）研发出了一种创新的双棘爪式上链装置（比勒顿上链系统），简单可靠，随后在工程师系列腕表上进行了试验，并应用于 50 年代

Ingenieur

金质表壳腕表，抗磁场保护机芯，约 1950 年

Ingenieur

自动腕表，精钢表壳和表链，防磁保护，约 1970 年

Ingenieur

右侧：自动腕表，Ingenieur 工程师系列问世 50 周年纪念款，2005 年

下图：计时码表版

Portoghese

自动计时码表，黄金和精钢版本，
鳄鱼皮表带

Portoghese

具有 7 日动力储存装置，玫瑰金 材质，
限量 750 枚，2000 年

Portoghese

机械腕表，精钢材质，搭载
IWC 74 怀表机芯，约 1940 年

Portoghese

追针计时码表，手动上链，
玫瑰金表壳

的 Yacht Club 腕表。从制表技术发展的角度来看，IWC 万国表与其他公司合作参与了 Beta 21 机芯的开发，这是第一款以工业规模生产的瑞士石英机芯，曾在 70 年代被用以抗衡日本产石英机芯，然而并未成功。

为了寻求全新的道路，IWC 万国表于 1978 年将其名称与费迪南德·保时捷（Ferdinand Porsche）联系在了一起。在持续了 20 多年的合作伙伴关系之下，Porsche Design by IWC——IWC 万国表保时捷设计系列诞生了，其前卫与经典的设计相结合的表款，对于那些想要摆脱仿古制表风格束缚的人而言，是绝美佳作：Chrono Titan 采用了钛金表壳和集成按钮，而 1982 年推出的 Ocean 2000 Diver 海洋 2000 潜水员腕表（第一款完全由钛金

制成的运动表款）不仅能够抵抗海洋水下压力，时间显示还结合了 Bussola 腕表的基本方位显示功能。同样在 1978 年，IWC 万国表再次易主至曼内斯曼（Mannesmann）集团：在君特·布吕姆莱因（Günter Blümlein）的领导下，公司准备以全新的理念和充足的经济资源迎接机械腕表的复兴。

1985 年，IWC 万国表与积家合作开发了万年历模块，该模块整体均由表冠调节，四位数年份以数字显示。久负盛名的机芯，搭载黄金、白金或高科技陶瓷表壳，Da Vinci 由此诞生，这是沙夫豪森企业的一款划时代时计，

Porsche Design

天文台计时码表，集成按钮，
约 1980 年

Porsche Design

可掀起式表壳腕表，配备专业指南针，
约 1978 年

Porsche Design

计时码表，钛金表壳和表链，
约 1980 年

之后相继推出了追针版本和陀飞轮版本。20 世纪 90 年代，两款多功能复杂腕表：Grande Complication 腕表和在品牌成立 125 周年推出的 Destriero Scafusiae 腕表，再次将品牌推向顶峰。这两款杰作的极致精妙之处在于：Grande Complication 腕表是一款具有万年历和三问报时功能的计时码表，共有 9 个指针和 654 个元件；而 Destriero 腕表，虽不具备 Grande Complication 腕表的自动上链功能，却是将追针计时码表和钛金陀飞轮笼架融合在了由绝卓的制表前辈开发的复杂功能之中。除了为顶级客户独家定制设计的作品之外，IWC 万国表还拥有极具吸引力的表款，如

GST

机械计时码表，自动上链，钛金表壳和表链

Mark XV

自动腕表，带中央秒针和日期，
抗磁精钢表壳

Fliegerchronograph

飞行员自动计时码表，精
钢表壳，双日期显示

Fliegerchronograph 腕表和 Doppelchronograph 腕表，这两款计时码表的灵感来自被遗忘已久的"航空"风格：黑色表盘，防反光表镜，使用大量夜光材料元素的指针和时标。军用腕表系列的推出，为 IWC 万国表开辟了一条幸运之路，其中包括具有双时区功能的 UTC 腕表、Mark XII 腕表、Mark XV 腕表以及具有 8 天动力储备的 Great Pilot's Watch 腕表。1997 年推出 GST 系列腕表（取自 Gold 黄金、Steel 精钢和 Titanium 钛金三个单词的首字母缩写，代表表壳和表链的金属材质），替代了 Porsche Design by IWC——IWC 万国表保时捷设计系列中的表款。

Grande Complication

铂金自动腕表，具有三问报时、万年历、月相显示和计时码表功能，1990 年

Elettronico Da Vinci

电子达文西腕表，搭载革命性的石英机芯 Beta 21，1969 年
右下图：Beta21 机芯

2000 年，IWC 万国表被开云（Kering）集团收购。其后，品牌一方面延续高品质腕表的制造，另一方面推出全新表款，传承品牌自 1868 年以来对精湛工艺和技术的不懈追求。作为 20 世纪 30 年代的"大尺寸"表款，在 1993 年纪念品牌成立 125 周年之际，Portoghese 系列推出了多个版本的限量版腕表，其中具备计时码表（简单计时或追针）的版本大受腕表爱好者的青睐，成为两个全新系列的主角。Portoghese 系列 2000 自动腕表，搭载比勒顿上链的自动机芯，而 Portoghese 系列万年历腕表，将这种机芯与源自 Da Vinci 系列的万年历模块相结合，并采用了一种已获得专利的月相显示系统。在问世 50 年之后的 2005 年，

Ingenieur 系列腕表重新焕发生机，一个能够承受磁场的软铁内壳、与表壳一体式的表链（与计时按钮相得益彰）以及富有技术含量的钛金版，其配备的自动机芯和计时码表功能代表了真正的技术净化。

Portofino

自动上链腕表，精钢材质，带日期、小秒针和 8 日动力储存显示功能

Portoghese

由左至右：黄金版、铂金版和玫瑰金版，带万年历和月相的自动腕表

创意方向也开启了一个新的阶段，在每年的日内瓦高档钟表国际沙龙（SIHH）上，IWC 万国表将目录中的其中一个系列重新设计，成为主要的重心。2006 年是属于 Pilot's Watches 系列腕表的一年，品牌将原系列尺寸略微增加，并推出了小王子和安托万·德·圣－埃克苏佩里（Antoine de Saint-Exupéry）特别版腕表，献给这位浪漫的法国飞行员，同时向他的作品《小王子》——这本陪伴了几代人的故事致敬。全新的 Da Vinci 达文西系列腕表，以具有计时码表和万年历功能的多个表款为代表，于 2007 年首次亮相；同一年，品牌在位于莱茵河畔的总部设立了博物馆，在这里可以一览这家沙夫豪森企业迷人的制表世界和制表历史。2008 年，为了庆祝品牌成立 140 周年，推出了 Vintage Collection 复刻系列：精选了代表 IWC 万国表卓越制表工艺与设计的六个表款。2009 年产品系列更新再添新成员：推出全新的 Aquatimer 海洋时计系列腕表，之后，伴随着 Portoghese 系列、Portofino 系列和 Pilot's Watches 系列腕表在最近几季的全面更新，从未发布过的表款也开始亮相。

Portoghese Automatic
自动腕表，7 日动力储存显示，玫瑰金
表壳，鳄鱼皮表带

1

Aquatimer Galapagos Edition

海洋时计系列"加拉帕戈斯群岛"
特别版，自动计时码表，精钢表壳，
外覆黑色硫化橡胶，防水深度 120 米

2

Top Gun Miramar

计时码表，抛光陶瓷表壳，军用针
织表带，配备比勒顿自动上链系统

3

Top Gun Big Pilot

大尺寸精钢表壳腕表，齿边表冠，
配备比勒顿自动上链系统

4

Top Gun Chronograph

自动计时码表，带飞返功能，陶瓷
表壳，内部带有防磁干扰保护

手、心、眼这些元素将钟表幻化为具有机械之美的杰作。
这就是极具风格魅力的制作者——积家的思想。

积家
Jaeger-LeCoultre

如同制表界中众多品牌的惯例，积家品牌也是由"两个姓氏"组成：巴黎的 Jaeger 积家工坊，与 1833 年成立于瑞士汝拉山谷的勒桑捷（Le Sentier）的 LeCoultre 勒考特工坊，地理距离遥远而创立年代相近的两家工坊于 1937 年合并，自此之后品牌才开始使用现名称"Jaeger-LeCoultre"。才华横溢的勒考特创始人查尔斯-安东尼·勒考特（Charles-Antoine LeCoultre）专注于制表机芯零件的生产，引入了新的制作方法和创新仪器，例如微米测量仪，这是他在 1844 年发明的能够测量千分之一毫米单位的仪器，使其产品获得了在当时几乎最高的加工精度。

得益于所生产的怀表机芯的顶级质量，勒考特工坊成为制表界最负盛名品牌的供应商，包括百达翡丽、爱彼、江诗丹顿、卡地亚和 GP 芝柏表。直到 19世纪末期，LeCoultre 勒考特才推出第一款腕表。该品牌创造

Reverso 翻转腕表的广告，1983 年

Reverso
翻转腕表，手动上链，精钢和黄金材质表壳，1941 年

开篇：
Reverso
三枚不同版本的 1931 年积家获得专利的可滑动翻转表壳腕表

了众多工艺成果：1903 年问世的怀表机芯 145 机芯，其厚度仅有 1.38 毫米，是有史以来最薄的机芯；1929 年问世的手动上链机芯，又被称为"两法分"（将其以毫米为单位的宽度换算为巴黎所使用的单位"法分"），是有史以来最小的机芯，构成机芯的 98 个零件被浓缩在一个 4.84 毫米 ×14 毫米的空间内，质量仅有大约 1 克。

在 20 世纪初期，查尔斯 – 安东尼之孙雅克 – 大卫·勒考特（Jacques–David LeCoultre）与埃德蒙·积家（Edmond Jaeger）相遇，促成了两家工坊极富成果的制表合作，也推动了之后两家公司的合并。在正值腕表制造呈指数增长的时期，具有 LeCoultre 和 Jaeger 签名的表款就是当时腕表界的代表之作。该品牌采取令人赞叹的营销运作：销售的表如果在保修期内发生故障，经销商可以更换机芯、表盘和指针，并且手表本身由伦敦劳埃德保险公司承保，以防被盗、丢失和无法修复的损坏。

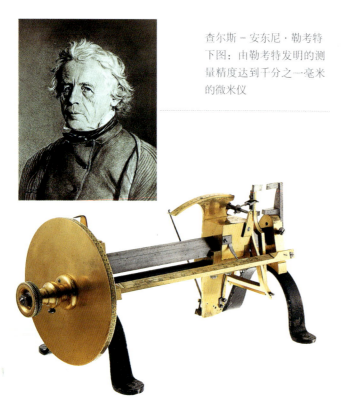

查尔斯 – 安东尼·勒考特
下图：由勒考特发明的测量精度达到千分之一毫米的微米仪

Riserva di Marcia

自动腕表，配备动力储存显示，黄金表壳，约 1940 年

Futurematic

自动腕表，动力储存显示位于 9 点钟位置，小秒针位于 3 点钟位置，黄金表壳，1953 年

极致的机芯激发了设计师的灵感，他们制作出了那个时代最具魅力、精美瑰丽的女士珠宝手表：Duoplan 腕表、Due linee 腕表和 Lucchetto 腕表，表壳搭配细长的表耳。Duoplan 腕表问世可追溯至 1926 年，所搭载的长方形机芯的不同组件分布于两个不同平面之上。而 Mistérieuse 腕表在同心旋转的表盘上具有两个时间显示，取代了传统的时针和分针。在同一历史时期，准确地说是在 1931 年，积家的腕表典范之作 Reverso 翻转腕表诞生。这款腕表的设计想法是由凯萨·德·特里（César de Trey）萌生的，他是高端品牌的经销商——其中就包括 Jaeger 积家和 LeCoultre 勒考特。在一次亚洲旅行期间，他应驻印度的英国军官的要求，想要一款能够在马球比赛中使用的腕表，因为在

417

405

激烈的马球比赛中，表镜或机芯经常由于频繁碰撞而
损坏，而唯一的解决方法就是制造出一种表壳可以翻
转的表款。在研究表壳特殊装置的工程师雷内 – 阿
尔弗莱德·修沃（René –Alfred Chauvot）的建议之
下，勒考特将想法转化为腕表。第 712868 号专利于
1931 年 3 月 4 日在巴黎的工商部注册，名称为"底
座可滑动并可完全翻转的腕表"。该表款的特点是表
壳具有一个支撑底座；原本为保护表盘而翻转的底盖，如
今可搭配各种类型的装饰元素：从姓名首字母的镌刻到高
贵的徽章，从复杂设计到珐琅精饰——已成为个性化的符
号。

Memovox Polaris

自动上链腕表，带闹铃
功能，精钢可潜水表壳，
约 1960 年

Reverso Géographique
手动上链腕表，带世界时间显示，玫瑰金表壳，
限量 500 枚，1998 年

一举成功之后迎来的却是一段长时间的沉寂，而为品牌带来决定性复苏的，则是乔治·科尔沃（Giorgio Corvo）。几十年来，他一直都是积家品牌的意大利经销商，1972 年，他将被遗忘在积家仓库中的两百枚精钢表壳 Reverso 翻转腕表全部买下。在随后的几年中，他开发了不同形状的表壳，并在其上应用了各种类型的复杂功能：陀飞轮、三问报时、计时码表和万年历，积家这个代表性系列的表款也丰富了起来。

积家享誉腕表界，并不仅仅是依赖 Reverso 翻转腕表。积家的作品将设计师的技艺才能和创造力提升至新的高度：圆形或异性表壳搭载全日历和月相功能，如 Géophisic 地球物理天文台系列腕表（表壳中配备一个特殊的软铁抗磁内盖，为"鹦鹉螺号"穿越北极时所使用）以及 Futurematic 腕表。最具特色的当属 Memovox 响闹系列腕表，一款非常实用的腕上闹铃，具有多个不同版本（手动上链机芯的首次亮相可以追溯到 1950 年，而自 1956 年起，Memovox 响闹系列腕表推出自动机芯版本）。纵观企业的发展历程，罗杰·勒考特（Roger LeCoultre）是家族中最后一位公司的掌管人：1969 年，公司股份被 Henry 和 Barbara Favre 收购；1978 年，公司再次易主至专门经营奢侈品腕表的曼内斯曼（Mannesmann）集团；2000 年，品牌加入了历峰集团。

Reverso 60°
手动上链腕表，带动力储存和日期显示，玫瑰金表壳，Reverso 翻转系列腕表问世 60 周年纪念款，限量 500 枚，1991 年

Reverso Calendario
手动上链腕表，带逆跳日历和月相，黄金表壳，从未投产的腕表原型，1938 年

Reverso Tourbillon

手动上链陀飞轮腕表，玫瑰金表壳，
限量 500 枚，1993 年
右图：设计图

Reverso Chronographe Rétrograde

手动上链腕表，具有计时码表功能，
玫瑰金表壳，双表盘显示，限量 500
枚，1994 年
右图：机芯

Reverso RiPetizione Minuti

手动上链腕表，带三问报时功能，玫
瑰金表壳，限量 500 枚，1994 年
右图：设计图

在 20 世纪 80 年代和 90 年代，Reverso Géographique
翻转系列地理学家腕表的盛装风格掀起热潮，这款"世界
时间"腕表在深邃典雅的风格中精准易读；而 Master 大
师系列腕表，搭载了多项复杂功能的精致浑圆的表壳才
是焦点；Compressor 系列腕表，其灵感来源于 20 世纪 60
年代一枚珍贵的三表冠 Memovox 响闹腕表（除上链表冠
外，一个表冠用于机芯调时和设置闹铃，还有第三个表冠
用于滑动潜水计时表圈）。积家拥有非常完整的产品线，
摆钟和座钟也拥有重要的作品诞生，其中由让 – 雷恩·路
特（Jean-Léon Reutter）在 20 世纪 20 年代后期发明的
Atmos 空气钟脱颖而出，其通过一个"在空气中永动"的
机芯，从气温的变化中获取能量。Atmos 空气钟拥有极为

Lucchetto&Etrier
手动上链腕表，1935 年

巧妙的机械装置，利用气体或液体热的膨胀效应来转动时
钟的指针，无须通过任何类型的上链装置来运行，只需要
"一点空气"就能够移动它的齿轮，犹如一种独特的魔法。

Il Più Piccolo
手动上链腕表，搭载世界上最小的
机械机芯 101 机芯，
白金表壳饰钻石
右上角：101 机芯

La Donna Secondo
Jaeger-LeCoultre

三款专为女士设计的腕表，20 世纪 20
年代

101 机芯

全世界最小的手动上链机芯
技术图纸，于 1929 年由积家设计

Hybris Mechanica à Grande Sonnerie

超卓复杂功能系列大自鸣腕表，白金材质，带跳时功能、威斯敏斯特钟声，带三问报时、陀飞轮和万年历，带动力储存显示

Reverso Grande Complication à Tryptique

超卓复杂功能三面翻转腕表，铂金材质，具有 18 项复杂功能，分别显示于表壳的两个表盘和表框上，机芯约由 700 个元件组成

Gyrotourbillon

铂金材质腕表，带球形陀飞轮，动力储存显示，时间等式功能，日期和月份显示

Duomètre à Chronographe

手动上链腕表，玫瑰金材质，腕表和计时码表动力储存显示，2 个独立发条盒，飞秒秒针

Duomètre à Sphérotourbillon

手动上链腕表，玫瑰金材质，带双时区、日期和秒针，带陀飞轮，笼架旋转轴和笼架轴双轴机芯

积家以不断涌现的机械杰作开启了第三个千年，所推出的表款，既有复杂的机械功能，又兼顾日常佩戴之便。Gyrotourbillon 1 球型陀飞轮腕表触及了制表界的巅峰，搭载由 679 个元件组成的积家 177 机芯，具有双逆跳显示的万年历（相应指针在刻度扇区上移动：当到达最后一个刻度时，就会跳回起点），同时还具备时间等式显示。除此之外，Gyrotourbillon 1 球型陀飞轮腕表采用了一种绝对的工艺创举——球形陀飞轮，将腕表机芯引领至全新维度。Reverso Grande Complication à Tryptique 腕表则堪称奇迹，借助腕表可翻转表壳呈现出不同表面，将万年历信息分布显示

Grande Reverso Ultra Thin Tribute to 1931

大型超薄翻转腕表 1931 年复刻版，手动上链，超薄机芯（厚度只有 2.94 毫米），精钢表壳，鳄鱼皮表链

Grande Reverso Lady Ultra Thin

大型翻转超薄女士腕表，手动上链，精钢表壳镶嵌钻石，玑镂刻花银表盘

于由同一枚机芯控制的三个不同表盘上。与英国豪华汽车阿斯顿·马丁（Aston Martin）的合作，让积家踏出了尝试新领域的脚步。2005 年推出的 AMVox2 腕表就是一款独一无二的腕表，其通过一个巧妙的系统，使表壳成为一个功能性元件，并通过在一个特殊底座内的操作替代计时码表的按钮。2008 年，为 Duomètre 双翼系列腕表推出的 Dual-Wing 双翼系统，带来了制表设计的全新概念，两个拥有独立上链系统的机械装置由同一枚调校机构进行同步，确保了全新复杂功能的同时提供了极佳的计时精准度。

开篇：

Weems & Lindbergh

三款威姆士时代的腕表，同时也是 Hour Angle 时角表。
20 世纪 20 年代在飞行员先驱查理斯·林白（Charles
Lindbergh）先前表款的基础上设计，这位英雄驾驶"圣
路易斯精神号"完成了人类第一次飞越大西洋的壮举

浪琴是以多元化制表为特色的品牌，是航空壮举和运动计时的主角，
其兼具丰富魅力和机械传统的腕表，充满创新和吸引力。

浪琴

Longines

1832 年，奥古斯特·阿加西 (Auguste Agassiz) 于圣耶米（Saint-Imier）成立了一家制表工坊，三年之后，在其子欧内斯特·法兰西昂（Ernest Francillon）的带领下，制表工坊成为一家能够生产钟表每一个元件的真正制表厂。1867 年，公司采用"浪琴"一名（新制表工厂所在地的名称）开始商业扩张，进入了蓬勃发展的美国市场，自 1879 年起，浪琴开始参加由瑞士和欧洲天文台组织的著名精密计时器大赛，多年来获得了多项证明其时计精确度和机芯准确性的认证。

1905 年，浪琴开始腕表生产，并于 1912 年巴塞尔的瑞士联邦体操运动会上，使用了一个创新的机电运动计时系统，完成了一次自动计时的实践。在第二次世界大战之后，体育赛事日受重视，在 1952 年的第六届奥斯陆冬季奥运会上，浪琴成为官方时计，并在之后的多届奥运会上担当重任。

浪琴在制表精度大赛中获得的所有奖项

航空企业对公众产生了巨大吸引力，凭借在精密计时器和计时码表领域的卓越技术能力，浪琴深刻感受到航空对文明进步的重要性，并积极参与到机动飞行先锋时代的探索中。自20世纪20年代以来，品牌制作的腕表就已被在现代航空发展中留名青史的重要企业所使用。其中最为知名的当属查理斯·奥古斯都·林白（Charles Augustus Lindbergh），1927年，他驾驶着"圣路易斯精神号"，历时33小时39分钟，飞越大西洋，从纽约到巴黎。浪琴与林白合作，共同打造了一款最为知名的腕表——时间角腕表。这枚腕表结合了由美国安纳波利斯海军学院教授菲利普·范霍恩·威姆士（Philippe Vanhorn Weems）曾构思的腕表，并在此基础上增加了一些信息显示

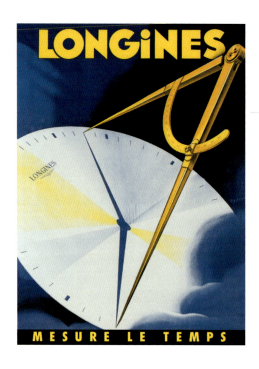

由雷内·布鲁尔（René Bleuer）制作的浪琴广告海报，1945年

Comet

手动上链腕表，小时和分钟分别通过一个箭头状和一个圆点状指针来显示，精钢表壳，约 1970 年

侧图：色彩鲜艳表盘的局部

Serge Manzon

由法国设计师谢尔盖·曼宗（Serge Manzon）设计的腕表系列，约 1970 年

Feuille d'or

石英电子腕表，极薄黄金表壳，约 1980 年

和表盘布局，简化了位置计算，能够通过指针来查看使用者的子午线与本初子午线之间测量的时间角度。浪琴不懈地开发机芯，推出了超薄机芯、计时码表机芯和其他复杂功能机芯，同时又极其注重美学元素。20 世纪 60 年代和 70 年代，其腕表多出自知名设计师之手，因此也推出了全新的系列腕表和设计方案：时而突出表壳的超薄精致，时而采用亮眼的大尺寸表壳。在浪琴的其他腕表中，彩色成为表盘的主角。

　　多年来，浪琴一直保持着古典主义和传统的紧密结合，推出了 Dolce Vita 黛绰维纳系列、Flagship 军旗系列、Heritage 经典复刻系列和 Evidenza 典藏系列，这些系列腕表传承了品牌的基因，彰显了浪琴腕表的精致风格。

Evidenza 典藏系列

灵感来源于 20 世纪 20 年代的系列腕表，从左往右依次为搭载复杂功能机芯版本和两款三眼版本

Les Elégantes 优雅系列

20 世纪 20 年代末期珍罕腕表的三款现代复刻版本，限量 50 枚，2002 年

罗兰西 Lorenz

开篇:

Incabloc

精钢表壳腕表,手动上链机芯,

配备 Incabloc 防震装置,约 1970 年

在意大利腕表发展的篇章中,Lorenz 写下了引人注目的一页。在 1934 年的米兰,创始人图利奥·波雷塔(Tullio Bolletta)成立了制表工坊,四年之后迁至蒙特拿破仑大街,这里成为后来的 Lorenz 精品店所在地。1951 年,公司选择与瑞士合作伙伴直接合作,采用独立开发的机芯。除了制作腕表之外,公司在制表领域还开展其他业务:得益于与知名设计师的合作,Lorenz 座钟成为极具辨识度的家居陈设;由理查德·萨

Theatro

自动计时码表,

精钢材质,带动力储存

作为制表界"意大利制造"的旗帜,罗兰西始终代表着时针世界的愿景和品质保障,拥有优秀的性价比和创意设计,始终紧跟市场潮流,满足腕表爱好者的喜好。

Gold
女士黄金腕表，手
动上链，约 1950 年

Elegance
男士镀金腕表，手
动上链，约 1960 年

Montenapoleone
女士腕表，精钢材质，
石英机芯，约 1980 年

Montenapoleone
男士计时腕表，精钢材质镀
金，自动机芯，约 1980 年

博（Richard Sapper）设计的 Static 座钟，斩获了 1960 年
的金罗盘设计奖；而 1986 年与孟菲斯集团的合作，催生
了 Neos 品牌的诞生，品牌开始专注于高设计感的产品。

以意大利市场为中心，品牌开始了扩张之路：自 20 世纪 90 年代起，Lorenz 启动了品牌的国际化进程，品牌相继进入众多欧洲国家、澳大利亚和中东地区。最广为人知的产品线包括 Theatro 腕表、Montenapoleone 腕表、Sporting Club 腕表、Acapulco 腕表和 Torneo 腕表。

Lorenz 品牌的奥秘在于，尽管高营业额的发展需要企业高效而有序的管理和架构，但却仍然保持了典型的家族企业特色。2003 年 9 月，Lorenz 被米兰工农商联合会授予"米兰历史企业"称号。

罗兰西 20 世纪 60 年代的原创广告

路易威登
Louis Vuitton

开篇:
Tambour V
女士腕表,黄金材质钻石镶嵌,表盘上具有品牌的 V 形标志

163 页图片,从左至右:
Tambour Voyagez
自动计时码表,精钢材质,带测速刻度和 24 小时时间显示

Tambour Répétition Minutes
手动上链腕表,白金材质,双时区显示,100 小时动力储存显示,带三问报时功能

Tambour Spin Time Joaillerie
自动机芯腕表,白金材质钻石镶嵌,以旋转方块作为小时时标

奢侈皮具的行业翘楚路易威登于 1999 年决定进军腕表界,其独具特色的运动风格,深受腕表爱好者的青睐。

路易威登是世界最知名的皮具和旅行箱品牌之一。品牌起源于 1854 年的巴黎，后在世界各地广为流行，独具风格的品牌精品店占据各个主要购物街的黄金位置。制表部门是 1999 年才成立的，经过三年时间对完美造型的探索，Tambour 腕表于 2002 年问世。这是一款极具风格的腕表，独特的线条以精致的方式诠释了运动腕表的概念，适合搭载复杂机芯，还推出了理想之选的女款腕表。表盘中间经常以圆形花瓣图案作为装饰，这是自 1896 年以来品牌的标志性图案，再饰以字母 L 和字母 V，交叠的两个字母已经成为国际时尚界最受欢迎的符号之一。Tambour Tourbillon Monogram 腕表，搭载具有非凡构造的精湛机芯，从底盖至表圈递减的截锥形结构，更加突出了表壳的独特风格。后续推

出的 Tambour 系列腕表不仅沿用了这一美学设计，还兼具多种功能，如双时区显示功能、用于赛船计时的计时码表功能，这是对自 1983 年以来路易威登与美洲杯合作的致敬。

2011 年品牌收购了 La Fabrique du Temps，一家专门生产高端机芯的制表工坊，更是表达了品牌在腕表领域的研发投资愿望和对技术与工艺独特性的不懈追求。

外星人 MB&F

开篇：
Horological Machine N° 1
自动腕表，玫瑰金材质，搭载中央陀飞轮，"战舰哈尔巴德"转轮，小时显示位于左侧表盘，分钟和动力储存显示位于右侧表盘，限量 10 枚

MB&F 是创意的标签，是充满文艺复兴气息的颠覆性制表宣言。马克西米利安·布瑟（Maximilian Büsser）和品牌的"朋友们"一同将设计理念变为现实。

MB&F 品牌诞生于马克西米利安·布瑟（Maximilian Büsser）的原创和独立思想，他的理念是基于让工匠、艺术家和专业人士都参与到一种独特的联合行动中，制作前所未有的、创新的、极致的手表。 既注重产品也注重宣传的布瑟，在效力于积家和海瑞温斯顿珍稀时计部门之后，决定创立品牌 MB&F，其中 MB 是其名字的首字母，字母 F 代表英文中的朋友"Friend"一词。2005 年品牌诞生，布瑟和朋友们一同创作出第一款腕表——HM1。HM1 是 Horological Machine N°1 的首字母缩写，在这款腕表中，能够深深感受到这位创始人的激情、狂热和才华。横"8"字形的表壳搭载中央陀飞轮，小时和分钟显示分别位于两个独立且又鲜明的表盘上，搭载自动上链机芯（转轮上带有"战舰哈尔巴德"图案，马克西米利安·布瑟是这部日本动漫的狂热粉丝），配备四个发条盒，能保证七天的动力储存。

而其他的 Horological Machine 系列，都以独树一帜的创意来诠释：双计时盘结合全新的复杂功能，极富想象力的美学外观，标新立异的 3D 立体布局，使 MB&F 颇具辨识度。LM1 是 Legacy Machine N°1 的首字母缩写，这个腕表系列是对 18 世纪和 19 世纪的制表大师传统的致敬，其以前卫的工艺触感来诠释复古烙印的表款，彰显出独特的个性。

Horogical Machine N° 3– Frog

"三维立体"自动机芯腕表，锆材质涂覆黑色 PVD 涂层，小时、分钟、秒钟在半圆形蓝宝石水晶圆顶内的铝制旋转表盘上显示，限量 18 枚
右上：腕表内部

万宝龙

Montblanc

开篇:

Nicolas Rieussec Home Time

尼古拉斯·凯世 HomeTime 纪念腕表,金质计时码表,第二时区显示,向计时码表的发明者致敬,2012 年

从书写工具到计时器,万宝龙将对细节的精雕细琢,从写字台转向腕间。

万宝龙诞生于 1906 年，汉堡银行家阿尔弗雷德·尼希米（Alfred Nehemias）和柏林工程师奥古斯丁·艾伯斯坦（August Eberstein）在这一年开始从事钢笔的生产，于 1910 年注册了万宝龙品牌商标。笔帽上的六角白星成为品牌标识，万宝龙在之后推出的众多产品中始终保持高品质标准，更加确立了品牌至高无上的地位。20世纪 80 年代，万宝龙在制表界首次亮相，但直到 1997 年，在万宝龙加入 Vendôme 集团（即后来的历峰集团）四年之后，才开始了其在制表界的发展进程。在品牌的代表性腕表系列中，不得不提的是 Star 明星系列和 TimeWalker 时光行者系列，2007 年，万宝龙将美耐华（Minerva）——专注于机械精密计时器且成就斐然的瑞

Villeret 1858

单按钮计时码表，黄金材质，手动上链，带测速双刻度

Time Writer II Chronographe

白金材质计时码表，搭载 Minerva 美耐华手动上链机芯，限量 36 枚，2011 年

Time Walker

自动计时码表，具有 24 小时显示和第二时区显示

士品牌纳入旗下。美耐华高级制表技术研究所是万宝龙制表部门的先锋，研发出了第一款自制机芯 MB R100，搭载于 Nicolas Rieussec Home Time 尼古拉斯·凯世 Home Time 腕表之上，向这位计时码表的伟大发明者致敬，表盘上的计时功能也以独创模式分布。2010 年，Metamorphosis 迹变腕表问世，这是一款不可思议的腕表，能够通过表盘元素完美地同步移动，实现从一种功能到另一种功能的切换，随后又推出了能够显示千分之一秒的 TimeWriter II Chronographe Bi-Frequence 1000 双振频计时码表。

摩凡陀是历史悠久的瑞士制表品牌，一个多世纪以来拥有一百多项专利，精湛的工艺与设计一直是其鲜明特色，Polyplan 腕表和摩凡陀博物馆腕表是真正的杰作。

摩凡陀
Movado

年轻而富有才华的制表师阿奇尔·迪茨希姆 (Achille Ditesheim) 于 1881 年在拉绍德封创立了摩凡陀品牌。鉴于当时制表业的激烈竞争，迪茨希姆决定专注于打造具有原创设计的高品质钟表。"Movado"一词在世界语中意为"永动不息"，这个名称于 1905 年首次使用，迪茨希姆的工作坊制作的一枚作品在比利时列日博览会上获得金奖。七年后的 1912 年，摩凡陀推出了第一款杰作——Polyplan 腕表。这款腕表的机芯具有三个不同平面的构造，展现了高超的技艺，上链表冠位于 12 点钟的位置，表壳是具有解剖学曲线的修长酒桶形，能够自然贴合在腕上。

20 世纪 50 年代的摩凡陀广告

在第一次世界大战期间，品牌推出"军人手表"，采用双层表壳，用细而坚固的金属网格线保护表盘。这款为战壕而生的腕表，也受到了非军人购买者的喜爱。1926 年推出了 Ermeto 旅行座钟，拉合式的保护外壳通过拉合动作为机芯上链。20 世纪 30 年代，这款 Ermeto 旅行座钟一直陪伴着瑞士飞行员奥古斯特·皮卡德（Auguste Piccard）。摩凡陀的大获成功，都要归功于以当时建筑物线条为灵感的表款，其中包括 Curviplan 腕表、搭配弧形表链的优雅腕表和 Chronographe 腕表。

开篇：
Polyplan
手动上链对表，长方形精钢表壳，表冠位于 12 点钟位置

Polyplan
手动上链腕表，长方形精钢表壳，表冠位于 12 点钟位置，1915 年

Calibro 400 机芯
Polyplan 腕表的手动上链机芯，其特点是机芯元件分布在三个不同的平面

1947 年，摩凡陀的代表作，Museum 博物馆系列腕表诞生了。这款腕表出自美国设计师内森·乔治·霍威特（Nathan George Horwitt）之手，体现了包豪斯（Bauhaus）学派——由瓦尔特·格罗皮乌斯（Walter Gropius）引领的艺术学派的美学原则，推崇纯粹性和功能性的理念，这款腕表堪称"极简"：浑圆表壳搭配全黑表盘，12 点钟位置的金色原点代表太阳。Museum 腕表以其极简和精致的设计获得了令人难以置信的反响：自 20 世纪 50 年代初期，它就成为纽约现代

Museum
石英电子腕表，黄金表壳，由内森·乔治·威特在 40 年代末期设计的表款的复刻版本，约 1990 年

Militare
手动上链腕表，银质表壳，带网格保护壳，专为第一次世界大战军人制作，1914 年
左上图：局部表盘
右下图：表盘内部构造

艺术博物馆（MOMA）的永久珍藏。60 年代和 70 年代，摩凡陀品牌与体育界、音乐界和艺术界的人物建立了紧密的联系。在这一创作策略之下，安迪·沃霍尔（Andy Warhol）于 1987 年为摩凡陀创作了 Times/5：由五个矩形表壳相连接组成，同时也构成了表链。这款腕表的独特之处在于，每个表壳都具有一个不同的表盘，表盘上是沃霍尔本人拍摄的纽约黑白照片。其他杰出人物也为摩凡陀的创新作出了贡献：雅科夫·阿加姆（Yaacov Agam），动态艺术的突出代表；马克斯·比尔（Max Bill），逻辑艺术（又称"具体艺术"）的创始人。所有这些非凡的作品，都具有极致的独创性外形，并限量发行。

Cronografo
手动上链腕表，铂金表壳，抗磁干扰活动式表耳，1938 年

Times/5
由五枚各不相同的表壳连接而成，由安迪·沃霍尔设计制作，1987 年

Militare
手动上链计时码表，精钢表壳，计时盘位于 3 点钟位置，约 1940 年

Pilota
手动上链腕表，精钢表壳，可调式表圈，通过 2 点钟位置的表冠调节，1935 年

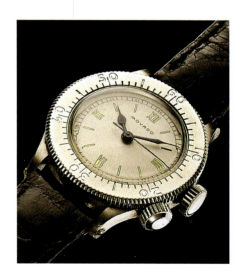

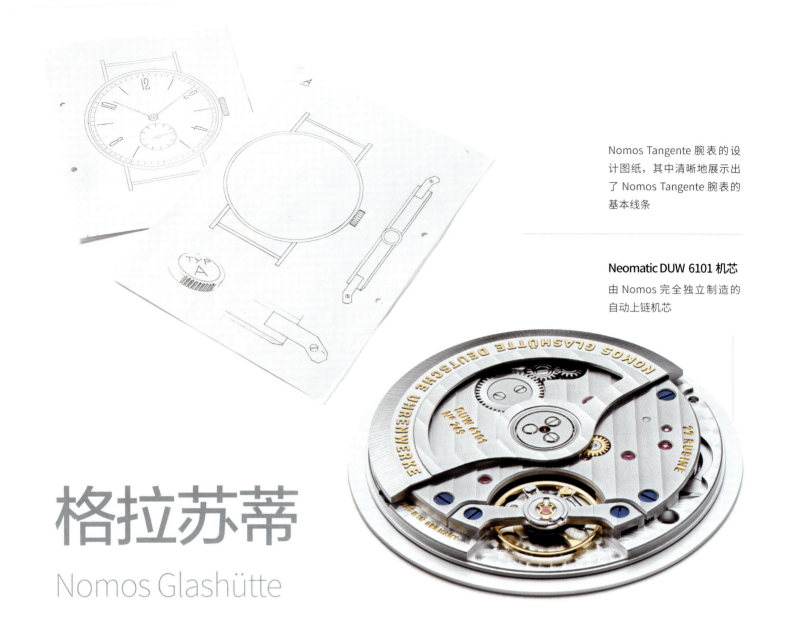

Nomos Tangente 腕表的设计图纸，其中清晰地展示出了 Nomos Tangente 腕表的基本线条

Neomatic DUW 6101 机芯
由 Nomos 完全独立制造的自动上链机芯

格拉苏蒂
Nomos Glashütte

拥有悠久传统的格拉苏蒂是德国制表业的摇篮，这座萨克森小镇在柏林墙倒塌之后再次复兴，也是罗兰·施韦特纳（Roland Schwertner）的灵感源泉，这位 Nomos 的创始人于 1990 年创立了品牌，而后该品牌以极具辨识度的设计感大放异彩。

受到包豪斯——诞生于上个世纪的理性主义和功能主义学派的深刻影响，由讲究的线条和简洁的形状构成的美学，成为 Nomos 品牌的鲜明特点。Nomos 腕表上的时间清晰易读，搭配的表盘仅由数字、颜色和指针组成，一切都经过严格的美学选择。Nomos 致力于"德国制造"，专注于制表开发，诞生了多款自主生产机芯，以精湛工艺和可靠性而著称。品牌采用格拉苏蒂地区制表典型的 3/4 夹板，搭载高品质机芯，2014 年创新的擒纵机构 Swing-System 就是最好的证明，而其专利日期圈可以通过上链表冠向前或向后调节日期。1992 年相继

推出了 Tangente、Orion、Ludwig 和 Tetra 多款腕表，加之一些特殊腕表的问世，Nomos 的产品线愈加丰富，其中包括 2009 年推出的 Zürich 世界时腕表，以及 2018 年和设计师维纳·埃斯林格（Werner Aisslinger）合作打造的 Autobahn 腕表。浓重的工业设计风格，使品牌赢得了日内瓦高级钟表大赏（GPHG）的认可和德国红点设计奖、日本优良设计奖等众多奖项。

由上至下：

Tangente

手动上链机芯腕表，精钢表壳，针状和阿拉伯数字时标，约 2010 年

Ludwig

手动上链机芯腕表，精钢表壳，蓝色指针和小秒针，约 2010 年

Orion

手动上链机芯腕表，精钢材质，针状时标，弧形蓝宝石水晶表镜，约 2010 年

Metro 系列

手动上链机芯腕表，精钢表壳，带动力储存和日历显示，约 2010 年

Luminor Panerai

手动上链腕表，带有 8 日动力储备，
精钢表壳，原型应埃及海军要求定制，1956 年
左侧：机械深度计，约 1940 年
下图：腕戴式水下指南针，约 1940 年

在军用技术实验探索百余年的意大利历史中，沛纳海传承了非常重要的工艺解决方案，并自 1938 年起，将它们应用于腕表制作中。

沛纳海

Officine Panerai

沛纳海起源于佛罗伦萨，1860 年，乔瓦尼·沛纳海 (Giovanni Panerai) 在佛罗伦萨的感恩桥开设了第一家钟表店，后来迁至圣乔万尼广场的大主教宫殿内，这里是最负盛名的国外品牌在托斯卡纳的集结地，劳力士、浪琴、江诗丹顿都汇集于此。在古朵·沛纳海（Guido Panerai）的执掌之下，除钟表店之外，品牌开始致力于光学和机械精密仪器的制造，并成为意大利国防部和皇家海军的供应商之一。沛纳海制造

Luminor 1950
手动上链腕表，47 毫米大尺寸精钢表壳，专利表冠护桥，限量 1950 枚，2002 年

意大利海军伽马军团"猪"鱼雷舰上的突袭队员

Luminor
手动上链腕表，搭载 Angelus 8 日动力储存机芯，精钢表壳，小秒针位于 9 点钟位置，具有表冠护桥，约 1950 年

的夜间射击用自发光装置、水下指南针和深度计，主要供伽马军团的进攻队和突袭队使用：SLC 舰上的主角——俗称为"猪"的慢速鱼雷，在第二次世界大战中创下了传奇功绩。在任何条件下都具备的坚固性、防水性和最大易读性，是沛纳海手表的基本要求，其与技术仪器之间仅有一步之遥。

经过一段时间的实验，在 1936 年制作了一些原型表后，劳力士在 1938 年生产了一小批时计，采用直径 47 毫米的大尺寸"枕垫形"表壳、线形表耳、底盖、旋入式上链表冠，搭载劳力士机芯。相较于其他腕表，其独特之处在于三明治表盘：最上层为黑色，3、6、9、12 为阿拉伯数字，其他为镂空时标，下层为凸起数字，中间层为 Radiomir（镭得米尔）——一种由硫化锌、溴化镭（Radiomir 一词也由此而来）和新钛合成的自发光物质。

Radiomir "Egizio"
埃及海军定制腕表，大尺寸精钢表壳，1956 年

Radiomir
手动上链腕表，搭载劳力士机芯，精钢表壳，旋入式表冠，针状、阿拉伯数字和罗马数字时标表盘，1938 年

Panerai in titanio
自动上链腕表，钛金表壳，防水深度至 1000 米，从未投产的腕表原型，1980 年

在沛纳海腕表的演变过程中，固定表耳替代了线形表耳；作为全新事物的表冠固定杆装置是沛纳海的特色，并于 1956 年获得了专利：保护上链表冠的半月形护桥，通过一个专门的紧固杆将表冠锁定在护桥上，只有抬起紧固杆才能操作上链表冠来调时；劳力士手动上链机芯以及具有 8 日动力储存的 Angelus 手动上链机芯（区别于搭载劳力士机芯的表款，搭载 Angelus 机芯的表款以位于 9 点钟位置的小秒针作为其美学特征），减少了手表的上链频率；因 Radiomir 镭得米尔是一种具有高放射性的危险物质，因此被 luminor（庐米诺）所替代——一种基于氚的材料，消除了所有风险的同时还确保了表盘的高发光度。

本页和后页：一些与当前在产的沛纳海的旋转表圈、表冠护桥和表盘研究相关的图纸

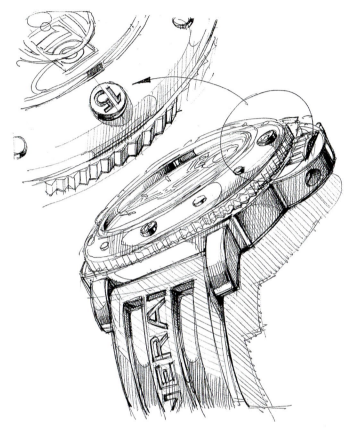

Radiomir 47 mm

手动上链腕表，搭载旧式劳力士机芯，
铂金表壳，限量 60 枚，1997 年
右图：从底盖可见的机芯

具有冲击力的形状和美学，以及大尺寸表壳是沛纳海军用表的鲜明特色，而 1956 年专为埃及海军军官定制的腕表的风格也非常引人注目：66 毫米直径表壳，配备用于测量潜水时间的旋转表圈，清晰凸出的时标。经过不懈实验探索，1980 年，沛纳海制作出了一直停留在原型阶段的表款：钛金表壳，防水深度直至 1000 米，表盘采用由沛纳海 1914 年申请专利的奇特的自发光模式，将装有氚的密封微型玻璃管固定在指针和表盘上，作为针状时标。20 世纪 90 年代，沛纳海决定将原来的军用设计转化为品牌的制表特色，将那些曾经专为军事部门制作的腕表，变成为高品质坚固机械时计爱好者打造的系列。1993 年，推出了一款采用泵式按钮的双计时盘计时码表，曾于 1943 年制作了三枚但从未量产。1996 年，沛纳海受好莱坞著名影星西尔维斯特·史泰龙 (Sylvester Stallone) 的邀请，打造了一款带有 Slytech 字样的定制款限量腕表。自 1997 年起，沛纳海品牌和其制表部门被 Vendôme 集团收购。通过精心的营销策略以及对产品细致的合理化运作，沛纳海享誉国际，风格令众多腕表爱好者着迷。

Luminor Marina Left-Handed

手动上链腕表，精钢表壳，表冠护桥位于左侧，约 2000 年

Luminor Chrono

自动上链腕表，精钢表壳，约 2000 年

Radiomir 和 Luminor 这两个名字，蕴含了 20 世纪沛纳海大师为寻找真正高效的自发光材料而不懈的长期探索，是沛纳海在品牌新征程中的两个代表性系列。Radiomir 系列腕表沿用了 1938 年腕表版本的设置，还推出了数个极具高收藏价值的表款，如采用 47 毫米直径铂金表壳和旧式劳力士机芯的 Radiomir 腕表，于 1997 年限量发行 60 枚。特别版本的 Radiomir 腕表，则有陀飞轮款和多个版本的简单计时码表或追针计时码表款，并采用稀罕珍贵的旧式机芯。自 2004 年起，该系列推出了适合日常佩戴的表款，多使用精钢材质和更为简洁的机械机芯，其中包括 Radiomir 45mm Black Seal 腕表、Radiomir 8 Days 腕表和 Radiomir GMT 腕表。而 Luminor 系列腕表则配备了具有专利的表冠护桥，确保了表壳的防水性能，坚固的结构通常能够承受 300 米水下深度，而 Luminor Submersible 2500M 专业潜水腕表防水深度可以达到 2500 米。在功能上，鉴于其构造理念为确保最大的坚固性，Luminor 系列表款搭载"仅有时间"功能的手动或自动上链机芯，结合计时码表、GMT 和动力储存等基本复杂功能。

Luminor Tantalium

手动上链腕表，钽质表壳，限量 300 枚，2003 年

Radiomir Chrono

手动上链计时码表，精钢表壳，Valjoux 机芯，限量 230 枚，2003 年

Black Seal Compass

腕戴式指南针，钛金和精钢材质，20 世纪 50 年代表款的复刻版，限量 300 枚，2004 年

鱼雷定时用便携式控制装置，为海军军官制作，约 1940 年

工艺技术演变的脚步加剧：2005 年，沛纳海推出了首款完全自主制造的机芯，即 P.2002 机芯：手动上链，具有 8 天动力储存，灵感来自于距今较为久远的 Angelus 机芯，以一个水平滚动的三角形指示标来显示动力储存，新颖别致。2006 年，凭借鲜明的意大利式创意烙印，沛纳海受法拉利邀请为其高端腕表操刀，在合作的五年时间里，推出了两个主要系列——Granturismo 系列腕表和 Scuderia 系列腕表。在生产领域，这家佛罗伦萨企业也不遗余力，多款机芯层出不穷，其中 P.2005 机芯一鸣惊人，双时区和活动式陀飞轮笼架彰显出其精湛的工艺。在科学领域的探索引领着沛纳海不断打破新的边界，创作出了 Jupiterium 腕表——一款集天象仪 - 腕表于一身的杰作，向伽利略使用天文望远镜观测 400 周年致敬；此外，还前所未有地将青铜材料用于腕表，推出 Luminor Submersible 1950 3 Days Automatic Bronzo——一款 47 毫米 3 日动力储存青铜腕表，限量 1000 枚，采用缎面青铜表壳和深绿色表盘。

Luminor Submersible 1950 3 Days Automatic Bronzo

自动上链机芯腕表，3 日动力储存，缎面青铜表壳，限量 1000 枚

Luminor 1950 8 Days

手动上链机芯腕表，具有 192 小时动力储备，缎面精钢表壳，限量 150 枚

Radiomir 1936

手动上链机芯腕表，具有 56 日动力储备，精钢表壳，Plexiglas 表镜，限量 1936 枚

Egiziano

手动上链机芯腕表，具有 3 个发条盒和 8 日动力储存，钛金表壳，限量 500 枚

Radiomir 1940 特别版

红金表壳腕表，在美耐华机芯基础上制作的手动上链机芯，plexiglas 表镜，限量 100 枚

作为太空任务和海洋探险中的主角，以机械的可靠性、传统与前卫的结合及挑战时间的才能，欧米茄这家瑞士品牌奠定了其制表界的地位，它更是第一个登上月球的制表品牌。

欧米茄

Omega

　　路易士·勃兰特（Louis Brandt）于1848年在拉绍德封创建了制表工坊，并在19世纪末期迁至比尔，当时已经是拥有600名员工、年产约10万件机芯的制表厂了（参考年代为1889年）。直到1894年，"Omega"这一名称才诞生，Omega 19令怀表机芯问世，其独特之处在于每个部件都可以完美互换。这款机芯引起了热烈反响，也成为公司倍受认可的强有力的因素，随后公司于1903年正式更名为"Omega"。

　　关注全新市场趋势，欧米茄在腕表界首次亮相：早期的表款只是小试牛刀，表壳不是很适合佩戴，通常采用铰接式表耳，外形与今天相距甚远。早在20世纪30年代，欧米茄就迎接了技术进步带来的最重要的挑战。

执行太空任务的宇航员

Speedmaster
手动上链计时码表，精钢表壳和表链，
箭头形指针，1957年

开篇：
Speedmaster
手动上链计时码表，精钢表壳和表链，第一枚也是唯一一枚在月球上佩戴的腕表，约1990年
左上侧：机芯

开篇腕表的底盖，镌刻了这枚腕表的太空冒险之旅

防水性是腕表的工艺重点之一，防水腕表 Marine 问世，采用"双层表壳"，由一个容纳机芯的内部支架和一个外部密封元件组成。Seamaster 系列腕表作为 Marine 腕表的延续，推出了多个不同版本，并成为欧米茄经典系列。

1932 年，品牌开启了另一个传奇：在洛杉矶奥运会上，欧米茄担任"奥运会官方时计"，提供装置和仪器，见证运动员的优异表现。在与奥运会的长年合作中，欧米茄对精度的追求也提高至千分之一秒。欧米茄对卓越机芯和技术品质不懈追求，在天文台举办精密计时竞赛中获得的众多奖项都是欧米茄超高精确度的证明。

第二次世界大战期间，欧米茄在军用手表的供应方面脱颖而出，民用制表也延续了军用手表坚固可靠的特性：Railmaster 铁霸系列表款就是如此，这是一款具有防磁功能的腕表，其表壳或机芯内的元件能够抵抗高强度磁场而保证精准度"毫发无伤"。制表工艺的精进，伴随着对风格的研究探索，简洁优雅的线条是欧米茄上世纪五六十年代的典型标识，自 1952 年以来推出的 Constellation 星座系列腕表诠释了数十年来欧米茄的美学风格。另一个销量冠军是 Cosmic 腕表，机芯的精妙与表壳元素的纯粹相得益彰，全日历显示平衡而和谐地分布于表盘之上。品牌的设计师们致力于打造多个产品系列，在经济角度上，从特别有利的时刻汲取灵感（欧洲和美洲的繁荣年代），最重要的是，采用引领潮流的营销策略，研究消费者的品位流行趋势。这一时期风靡全球男女同款的 Elle et Lui 系列腕表就清晰地显示出了欧米茄是如何紧跟市场需求的。品牌由著名珠宝设计师吉尔伯特·阿尔伯特（Gilbert Albert）和路易吉·维尼亚多（Luigi Vignando）打造的具有非凡美学品质的珠宝腕表，斩获

Seamaster

手动上链腕表，精钢表壳，1948 年
左侧：天文台表版本，与标准表款的外观区别在于位于 6 点钟位置的小秒针

Speedmaster

手动上链计时码表，精钢表壳，魔术贴表带，可以直接佩戴于宇航员的太空服上

184

Omega 19 令机芯

怀表机芯，品牌名称由此而来

20 世纪初期

明信片中的欧米茄工厂

GRAVÉ D'APRÈS PHOTOGRAPHIE

OMEGA

Vue de l'usine de la maison Louis Brandt et frère à Bienne.

Louis Brandt 13 linee

手动上链腕表，带三问报时功能，黄金
表壳，表壳结构源自怀表表款，1892 年

Seamaster 600 Ploprof

自动上链腕表，精钢表壳，防水深度 600 米，1970 年

Seamaster

自动上链腕表，精钢表壳和表链，防水深度 300 米

Seamaster Chrono Diver

自动上链计时码表，精钢表壳和表链，防水深度 300 米

Seamaster 120

自动上链腕表，精钢表壳，1966 年

杰克·马犹（Jacques Mayol），著名潜水运动员，佩戴欧米茄海马系列 Seamaster 120 石英腕表，1981 年

了"国际钻石大奖"、日内瓦城市大奖和巴登 – 巴登金玫瑰奖。

20 世纪 70 年代，制表行业的领先技术之争推动了制表界的创新。欧米茄也加入了这场石英革命，推出了两款旗舰石英电子腕表：1974 年的星座系列 Constellation Megaquartz Marine Chronometer，是世界上最精确的腕表，这得益于其机芯高达 2 359 296 赫兹的振频，是目前生产的石英表款的 72 倍（通常使用的标准频率为 32 768 赫兹）；而 1976 年推出的 Chrono-Quartz 腕表，是第一款配备指针和数字双显示系统的时计，分别用于时间显示和计时码表功能。全新推出的海马系列 Ploprof 600 米潜水表，超大表壳能够承受非常高的压强，得益于其毋庸置疑的坚固品质，这款潜水表还参与了里昂湾和阿雅克肖湾的海底科学探索。加入斯沃琪集团之后，欧米茄推出了令人拍案叫绝的同轴擒纵系统，由 20 世纪的杰出大师乔治·丹尼尔斯（George Daniels）发明的机芯的精密计时性能得到了优化。

Marine
手动上链腕表，双层精钢表壳，确保
了极佳的防水密闭性，约 1930 年

1932 年洛杉矶奥
运会广告海报

欧米茄的一个重要里程碑是伴随人类征服月球：1969年7月，阿波罗11号任务中的宇航员佩戴的 Speedmaster 超霸腕表，作为手动上链计时码表，经过了 NASA 工程师的严格测试，和宇航员一起探索太空。继月球探险之后，欧米茄超霸专业腕表成为"月球表"，随后于1998年蜕变为超霸专业 X-33 腕表，这款多功能石英腕表专为未来的探险任务而生，也许会带领人类登上火星。

下图：

Co-Axial

自动上链腕表，精钢表壳，同轴擒纵系统，2000 年

左图：

同轴擒纵系统，由英国制表大师乔治·丹尼尔斯发明，应用于最新一代的多款欧米茄机芯上

Megaquartz 2400

石英电子腕表，精钢和黄金表壳，振频 2 359 296 赫兹（传统石英机芯振频为 32 678 赫兹），鉴于其极高的精确度，附有纳沙泰尔天文台颁发的"海洋天文台表"证书，1974 年

Speedmaster X-33

多功能石英电子腕表，具有指针指示和数字显示，具有精密计时和计算功能，又被称为"火星表款"，1998 年

Ploprof Co-Axial

防水深度至 1200 米，具有安全表冠和可旋转表圈，精钢表壳，自动机芯，2009 年

Spacemaster Z-33

多功能腕表，具有双时区、日历和计时码表功能，钛金表壳，石英机芯，2012 年

Seamaster Planet Ocean

潜水计时码表，防水深度至 600 米，带氦气阀，钛金表壳，同轴擒纵系统自动机芯，2011 年

欧米茄常以世界知名的体育界主角和好莱坞著名影星为代言，从未忘记以原创美学传承经典制表传统的使命。碟飞系列 Hour Vision 腕表，可以通过底盖和中层的蓝宝石水晶，实现对机芯的 360 度观察；而其硅游丝是一个能够显著提高腕表运行规律性的元件，也是欧米茄实现的另一个重大技术进步。2013 年，欧米茄 8508 同轴机芯问世，能够抵御 15000 高斯的高强磁场。六年之后，又推出了海马系列 Aqua Terra Ultra Light 腕表，这款特殊钛合金材质的运动腕表重量仅为 55 克。为了纪念登月 50 周年，2019 年欧米茄推出了多款纪念腕表，欧米茄全新博物馆同时揭幕，展品与内容焕然一新。

Speedmaster Apollo 11 50th Anniversary

手动上链计时码表，Moon-shine 18K 金表壳，勃艮第红色陶瓷表圈，金质表盘，1969 年超霸腕表 BA145.022 的复刻版本，限量 1014 枚，2019 年

Speedmaster Apollo 11 50th Anniversary

手动上链计时码表，精钢表壳，Moonshine18K 金表圈和黑色陶瓷圆盘，表盘上雕刻宇航员巴兹·奥尔德 (Buzz Aldrin) 林登上月球表面的影像，限量 6969 枚，2019 年

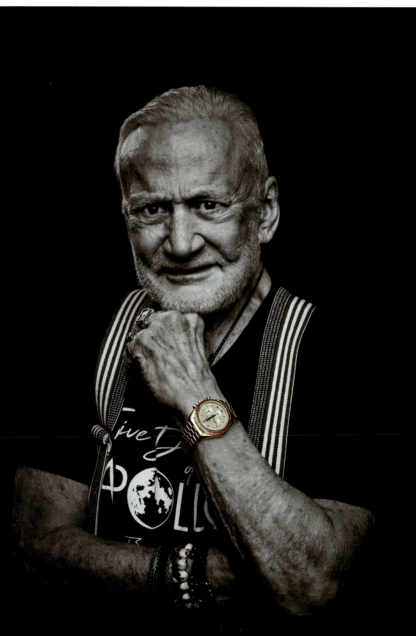

2019 年佩戴着超霸腕表的巴兹·奥尔德林。他曾与尼尔·阿姆斯特朗（Neil Armstrong）于 1969 年 7 月 21 日一同征服月球

帕玛强尼
Parmigiani

帕玛强尼是来自瑞士的制表工坊，创始人米歇尔·帕玛强尼的创造力是其成功的基石。他能够创作出独一无二的作品，甚至是单件孤品，能够满足客户任何的个性化、装饰或功能需求。

开篇：
Forma XL Tourbillon
铂金腕表，机械机芯，带 30 秒陀飞轮，
8 天动力储存

　　米歇尔·帕玛强尼 (Michel Parmigiani)， 能够创作出真正杰作的制表大师，于 1975 年创立了一家独立公司，致力于复杂功能机芯的制作和古董珍稀钟表的修复。为山度士家族基金会（Sandoz Family Foundation）修复的古老珍品，在其精湛的技艺下重现光彩，公司也由此获得了基金会的资金支持。1994 年帕玛强尼以品牌 Parmigiani Fleurier 进军制表界。品牌以顶级腕表为目标，每年仅生产数百枚，同时还独

Toric
万年历腕表，逆跳日期，白金表壳，
当前在产

立生产机芯。Toric 寰宇系列，采用经典表壳；Ionica 系列，搭载酒桶形机芯，具有 8 天动力储存。1999 年推出了 Basica 腕表，随后又推出了带有日期逆跳指针的万年历腕表和手动上链追针计时码表。

帕玛强尼继续其制表技艺的实践，制作出一枚全新自动机芯，一枚带有 GMT 功能的威斯敏斯特三问报时腕表，以及另一件独特件——带有万年历和陀飞轮的三问报时腕表，随后又在 2004 年诞生了一枚笼架以双倍速度（30 秒而非 1 分钟）旋转的陀飞轮腕表。然而，最令人不可思议的作品，是和布加迪合作开发的一款具有 10 天动力储存的手动上链腕表，其机芯采用横向布局，装配在多个呈直线排列的夹板上，以适应表壳的长度。

品牌还与爱马仕签订了合作协议，由爱马仕为其提供顶级质量的表带，使帕玛强尼的时计愈加超群绝伦。2003 年，品牌经历了一次深刻的重组，新架构分为四个运营板块，各自目标和任务明确，在帕玛强尼腕表的整体开发中相互协作，为腕表界的精选合作品牌按需制作表款。

Toric Unique
陀飞轮腕表，带三问报时和万年历，独特件

Toric
自动计时码表，金质表壳

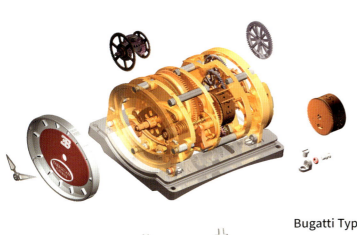

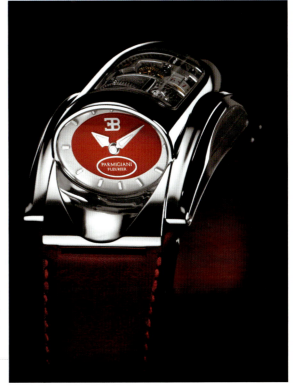

Bugatti Type 370
圆柱形腕表，机芯装配在横向排列的夹板上，当前在产
左侧：机芯细节及部分零件

Sky Moon Tourbillon
带有陀飞轮，三问报时，万
年历和天象图（底盖侧），
一枚绝对的杰作，黄金表壳，
2001 年

百达翡丽，一个以最高水平表达传统、优雅和工艺的传奇品牌，
自 1839 年创立以来，它代表着高端制表的发展方向。其对腕表
的一往情深，使其得以世代相传。

百达翡丽 Patek Philippe

百达翡丽的诞生可以追溯到 1839 年，安东尼·诺伯特·百达（Antoine Norbert de Patek）伯爵和弗朗索瓦·沙柏（François Czapek）创立了 Patek,Czapek & Cie 公司。1845 年，随着法国制表师让·阿德里安·翡丽（Jean Adrien Philippe）的到来，公司更名为 Patek & Co.，后又更名为 Patek Philippe & Co.（百达翡丽）。让·阿德里安·翡丽将其超凡的机芯专业技能应用于钟表的制造中，其中一项就是无匙手动上链机芯的发明。百达裴丽早期表款的成功得益于机芯的非

凡品质和精致的审美品位，在这些顾客当中，最著名的就是维多利亚女王，百达翡丽一枚饰有珐琅和宝石的怀表俘获了女王的"芳心"。众多知名人物都是百达翡丽的主顾，他们购买传统系列抑或私人定制，百达翡丽成为上流社会的身份象征。

20 世纪 30 年代的
百达翡丽大楼

Calatrava
手动上链腕表，黄金表壳，
约 1940 年

1518
万年历计时码表，手动上链，黄金表壳，
约 1940 年

品牌的成功要归功于巧妙的扩张策略，早在业务发展初期，百达翡丽就与知名品牌如纽约的珠宝品牌蒂芙尼（Tiffany & Co.），以及里约热内卢的刚德罗与拉伯里奥（Gondolo & Labouriau）签订了具有针对性的商业合作协议。百达翡丽在与刚德罗的紧密合作中，采用高清晰表盘和以9K金制作的齿轮，专门为其打造了特殊的怀表及腕表表款。这家巴西公司在20世纪早期采用的销售策略"百达翡丽俱乐部计划"令人拍案叫绝。为了增加销量，品牌成立了"爱好者委员会"，想要购买百达翡丽腕表，可以分79次分期付款。同时举办的定期抽奖，能够让会员有机会在一周之后就将腕表收入囊中：抽奖的幸运者支付剩余款项即可获得腕表，而其他会员只能等到79期结束之后，才能获得他们心爱的百达翡丽。

在20世纪头二十年，品牌就已达到顶级的品质水准：配备有超凡音乐装置的"雷格拉公爵"怀表，专为杰姆斯·沃德·帕卡德（James Ward Packard）和小亨利·格雷夫斯（Henry Graves Junior）——商界大亨同时也是百达翡丽钟表的追随者打造的怀表。随后，腕表制造也获得了骄人的进步，腕表的首次亮相可追溯至1868年，一款以黄金和钻石制成的女士腕表，1876年由匈牙利伯爵夫人Koscowicz收入囊中，这枚腕表也被认为是历史上最早的腕表之一。20世纪，全新的时计佩戴方式盛行，从专为女性打造的以贵金属材质表壳搭配珐琅表盘的表款，到从怀表衍生的早期表款，再到对比例和机芯精雕细琢、彰显"腕间逻辑学"的表款，百达翡丽在其中稳占一席之地。

20世纪70年代 Golden Ellipse 腕表广告

Golden Ellipse

自动上链腕表，黄金表壳，约1980年

在此背景下，1925 年推出的月相万年历腕表具有里程碑意义，其黄金表壳、雕刻装饰表耳、铰链式固定的底盖都是明显来自怀表的元素，这枚腕表如今藏于百达翡丽博物馆中。1932 年，品牌最重要的系列之一 Calatrava 腕表首次亮相，其灵感来自于作为宗教象征的卡拉特拉瓦十字架，这个设计最早用作百达翡丽的品牌标识，后来成为这家瑞士制表品牌的圆形表壳系列腕表的标志。第一枚 Calatrava 腕表的编号为 96（这是百达翡丽为每个新表款命名的代码，这些数字被热情的收藏家们铭记于心）；手动上链机芯，光洁的表圈，"巴黎饰钉"装饰，已成为品牌丰富的腕表目录中的经典。

　　Calatrava 腕表的浑圆表壳，可搭载多种手动或自动机芯，以及万年历和计时码表等复杂功能。金质和铂金材质的表壳，有三种颜色可选，但罕有精钢版本的表款；表盘通常为珐琅材质，搭载不同风格的指针、时标和数字。

Cronografo Rattrapante

追针计时码表，手动上链腕表，黄金表壳，黑色表盘，孤品，1952 年

Cronografo

编号 5070 计时码表，手动上链腕表，黄金表壳，黑色表盘，1998 年

Anse decorate

手动上链腕表，异形黄金表壳，约 1940 年

1932 年是百达翡丽的重要转折点。1929 年，经济危机带来严重后果，销售额下降令人担忧，为了应对这一局势，创始人的后代将公司的管理权移交给斯特恩家族的查尔斯·斯特恩（Charles Stern）和让·斯特恩（Jean Stern）二人之手，品牌得以延续，平安渡过了财务难关。除了 Calatravas 系列腕表外，搭载不同机芯的矩形、方形、酒桶形表壳的"异形"表款也应运而生。百达翡丽永远对机芯保持最纯粹和绝对的关注——机芯只有在经过多次实验之后才能使用，以保证最大程度的可靠性。出于这个原因，品牌的第一款自动上链腕表可以追溯到 1953 年，尽管晚于竞争对手，但是百达翡丽表款几乎都配备黄金摆陀。它以计时码表、陀飞轮和三问报时为代表的复杂功能腕表更是令人心驰神往。在借鉴怀表的初期表款之后，计时腕表在精湛工艺上的进步也不断涌现，编号 130 的腕表是百达翡丽计时码表中最为成功的一款。20 世纪 50 年代，品牌放弃了简单计时码表的制造（直至 1998 年才恢复生产），仅将计时码表功能与其他复杂功能，如万年历相结合。

编号 2554

手动上链腕表，异形黄金表壳，约 1950 年

Anse decorate

手动上链腕表，异形白金和黄金表壳，约 1930 年

编号 5100

手动上链腕表，10 日动力储存，玫瑰金表壳，限量发行：黄金款 1500 枚、玫瑰金款 750 枚、白金款 450 枚、铂金款 300 枚，2000 年

PATEK PHILIPPE
GENEVE

WATCHMAKERS TO LADIES SINCE 1839

20 世纪 80 年代的 Nautilus 鹦鹉
螺腕表广告

Nautilus
自动上链腕表，精钢表
壳和表链，约 1980 年

Aquanaut
自动上链腕表，精钢表
壳，橡胶表带

Aquanaut
自动上链计时腕表，
精钢表壳和表链

　　具有复杂功能的百达翡丽时计，最
值得关注的是世界时间系列腕表，它将
对应时区的城市名称刻在表圈或表盘之
上。才华横溢的制表大师路易斯·科尔
特(Louis Cottier)，针对这一项复杂功能，
自 1937 年至 20 世纪 60 年代为百达翡
丽构思设计了多款各具特色的不同机芯
和外观的表款，这些表款具有一或两个
表冠用于调节城市，有以景泰蓝珐琅作

为装饰的表盘。对百达翡丽而言，工艺永远是重中之重，1949 年获得专利的 Gyromax 摆轮就是有力的证明，此外，还使腕表能够通过置于表冠上的微型空心砝码进行精度调节，增加了年历功能，配备了一个能够自动计算当月为 30 天还是 31 天的机制（2 月除外），并于 2005 年开始使用硅质擒纵轮。

20 世纪 70 年代，百达翡丽决定推出第一枚运动款腕表，出自杰罗·尊达（Gérald Genta）之手的 Nautilus 鹦鹉螺腕表，采用精钢表壳和表链，随后还推出了具有动力储存和指针日期窗口的小型复杂功能版本。Nautilus 鹦鹉螺系列为 Aquanaut 系列的推出铺平了道路，Aquanaut 系列颠覆了百达翡丽硬朗的古典主义风格，橡胶表带增强了其浓烈强劲的形象，大获赞赏。即使女士腕表也从不乏运动感，这是品牌从未忽视的主题，缩小男士表款线条比例打造女士表款，1999 年全新表款 Twenty-4 问世，精钢与钻石的结合彰显了非凡的个性。

1989 年是百达翡丽成立 150 周年，同时也是新品的高产时期，这些新品表款均严格限量发行，未来将不会再

编号 2499

万年历计时码表，手动上链，黄金表壳，黑色表盘，可能为孤品，1963 年

Cronografo Rattrapante

追针计时码表，手动上链，黄金表壳，约 1930 年

**Cronografo Rattrapante
Calendario Perpetuo**

追针万年历计时码表，手动上链，黄金表壳，1955 年

20 世纪 50 年代广告中的百达翡丽
万年历腕表

左图：

Calatrava

手动上链腕表，带日历显示和月相，
铂金表壳，1939 年

右图：

Calatrava

手动上链腕表，带全日历和月相，
铂金表壳，1938 年

版，因为制作这些腕表所需的工具已不复存在。其
中，Officier 腕表的表壳特色，在于其采用铰链式固
定的底盖，这一设计让人回想起专为第一次世界大
战中的军官所制造的表款，而酒桶形的 Saltarello 腕
表，通过位于 12 点钟位置的窗口来显示小时。最
一鸣惊人的是 Calibre 89——有史以来最复杂的便
携式时计：日历、计时码表和鸣响功能分别显示在
两个表盘上，共有 33 个功能显示。以下几个数字
可以更好地描述这枚 Calibre 89 杰作：9 年的研发，
1728 个部件，89 毫米直径的华丽表壳，41 毫米的
厚度，以及 126 颗红宝石。

World Time

手动上链腕表，带世界时间显示，铂金表壳，可能为孤品，1939—1940 年

Quadrante in Smalto

手动上链腕表，黄金表壳，景泰蓝表盘，1956 年

上图：表盘细节

World Time

手动上链腕表，带世界时间显示，双表冠，黄金表壳，景泰蓝表盘，1955 年

World Time

手动上链计时码表，带世界时间显示，黄金表壳，孤品，1940 年

　　为了讲述制表工坊的传奇故事，百达翡丽博物馆收藏了自 1839 年以来制作的杰作。博物馆于 2001 年落成，向公众展示 16 世纪至 19 世纪世界制表大师们创造的奇迹。它是一扇能够更好地了解时针世界的窗口。

编号 5029

三问报时腕表，自动上链，
铂金表壳，限量 10 枚，
1997 年

Ripetizione Minuti

三问报时腕表，手动上链，
黄金表壳，1959 年

在第三个千年，百达翡丽开始探索"先进技术研究"，自 2001 年以来，与纳沙泰尔和洛桑的重要实验中心建立了合作，并于 2011 年设立了百达翡丽主任学者职位。百达翡丽还与洛桑联邦理工学院（EPFL）共同研究微机械与纳米技术在制表领域的全新应用。最重要的实验成果就是 Silinvar，这是一种用于制作 Pulsomax 擒纵机构和 Spiromax 游丝的硅合金，这两个部件都是由先进技术研究部门研发的。百达翡丽自 2009 年开始启用百达翡丽印记作为品质印记，旨在保证产品精确度和维保的严格控制标准，表达了对所生产的每一枚腕表持续不断精进的决心。依旧是在 2009 年，由百达翡丽自主设计和制造的第一款计时码表机芯闪亮登场，为这家日内瓦制表商的

Nautilus

自动上链腕表，专利年历，24 小时和月相显示，防水表壳，精钢表链

编号 5170

手动上链腕表，装配有导柱轮的计时码表，金质表壳和表链，表壳可见机芯

World Time

自动上链腕表，24 小时时区城市名称显示，白金表壳

编号 5140

配备自动上链超薄机芯，带万年历、月相和 24 小时显示，铂金表壳

复杂制表工艺开辟了新的道路。在成立 175 周年之际，百达翡丽又推出了限量系列表款，其中具有手工雕刻玫瑰金表壳的 Grandmaster Chime 大师弦音腕表尤为引人注目，随后还推出了更具线条美学的白金款版本。这是百达翡丽有史以来最精美繁复的腕表之一，大尺寸表壳中搭载了由 1366 个部件构成的手动上链机芯。在 2019 年 11 月 9 日的 Only Watch 慈善拍卖会上，一枚精钢版本的 Grandmaster Chime 大师弦音腕表孤品，以 3100 万瑞士法郎的价格售出。

Grandmaster Chime

手动上链腕表，具有 20 项机械复杂功能，包括 5 项声学功能（其中 2 项是全球独家专利），双面白金表壳，2016 年

Alarm Travel Time

自动上链腕表，第二时区显示，24 小时可调节鸣响，铂金表壳，2019 年

Calatrava weekly

自动上链腕表，精钢表壳，数字日期显示，指针显示星期、月份及周数，2019 年

机芯 26-330 S C J SE，自动上链，操控 Calatrava weekly 腕表的功能显示

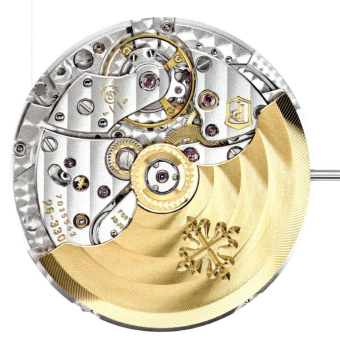

贵族对奢华的追求，孕育出了最令人惊叹的顶级制表杰作。以珠宝、钻石、精雕细琢来诠释钟表，这就是伯爵。

伯爵 Piaget

"永远比要求的做得更好。"这句话是品牌创始人乔治－爱德华·伯爵（Georges-Edouard Piaget）的格言，短短几个字清晰而明确地表达出伯爵的志向，对完美的追求和对美的品位，一直引领着伯爵前进的脚步。1874年，伯爵工坊诞生在仙子坡（La Côte-aux-Fées），后来一直致力于专业制作高品质机械机芯，直到20世纪40年代，才注册为独立品牌。这要归功于杰若德·伯爵（Gérald Piaget）的领导，他采用广泛的营销策略，在制表大师华伦太·伯爵（Valentin Piaget）的协助下，专注于生产部门。二人的组合出奇制胜，杰若德在国外为品牌开疆拓土、为珍贵作品寻找买家，而这些作品都出自华伦太之手。也正是华伦太，1956年制作出了9P机芯——一枚超薄手动上链机芯，厚度仅有2毫米，为

12P 机芯
自制自动上链机芯，
1960 年

品牌创下了一项具有巨大技术影响力的纪录。1960年，伯爵为12P机芯申请了专利，这款自动上链机芯配备黄金摆陀，总厚度仅为2.3毫米。20世纪50年代末，杰若德之子伊夫·伯爵（Yves Piaget）加入公司，并为品牌的发展作出巨大贡献，其独一无二的珠宝腕表展示了品牌在机芯领域取得的卓越成就，他还具有用绝美外观为机芯"锦上添花"的能力。

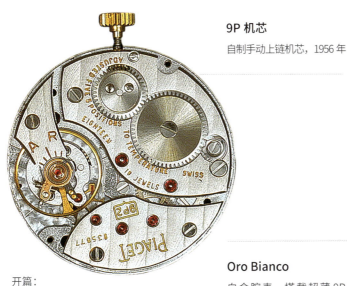

9P 机芯
自制手动上链机芯，1956 年

开篇：
Oro Giallo
黄金腕表，搭载超薄 9P
机芯，1957 年

Oro Bianco
白金腕表，搭载超薄 9P
机芯，1960 年

Rettangolare

白金腕表，拱形表壳，9P 机
芯，1957 年

Carré

白金腕表，"茧绸"饰
纹表圈和表盘，9P 机芯，
1957 年

Turchese

黄金材质装饰绿松石等宝石，
9P 机芯，1967 年

Corallo

手镯式腕表，黄金材质装饰珊瑚
与宝石，9P 机芯，1971 年

Turchese e Lapislazzuli

锥形手镯腕表，黄金材质装饰
绿松石和青金石等宝石，9P 机
芯，1970 年

Malachite

黄金材质装饰孔雀石等
宝石，9P 机芯，1966 年

20世纪70年代，伯爵以对女士腕表的无限创意而著称，其将工艺创新与珠宝完美结合，在随后的几年中，不断涌出非凡杰作：1981年的Phoebus腕表——专为一位高端日本客户制作的黄金和钻石腕表；全新机芯先后问世：超薄手动机芯20P，由20P衍生的自动机芯25P，以及1986年的万年历石英电子机芯30P；相继推出的Schiava腕表、装饰宝石表盘腕表、Polo腕表和经典风格的Gouverneur腕表，伯爵用激情来讲述时间的故事。1989年被历峰集团收购之后，伯爵仍凭借其有限的数量和极高的品质保持着自身的个性，新资源的融入与利用也促进了伯爵改善并提高机械腕表的产量。20世纪90年代后半期是伯爵新品的高产时期：Gouverneur系列推出了Grande Sonnerie大自鸣腕表，而500P机芯和430P机芯也在女款腕表和异形腕表中首次亮相。伯爵还进入了之前从未涉猎的运动腕表领域，推出了黄金材质的Polo Key Largo腕表，防水深度至200米，随后推出了计时码表版本。

在品牌成立125周年之际，伯爵与帕玛强尼联手推出了Emperador 8日腕表，一款具有古典韵味的跳时腕表。2001年，伯爵推出了品牌有史以来第一枚全精钢表款Upstream腕表：采用酒桶形全缎面工艺表壳，并搭配了前所未有的表扣开合方式，将表带或表链上的表扣直接固定于表壳之上（只需将表圈抬起至12点钟位置，即可将手表从手腕上取下）。品牌的一大成功无疑是于2002年推出的Emperador陀飞轮腕表，搭载3.5毫米厚度的手动机芯，再次彰显了伯爵的制表态度。Altiplano至臻超薄系列腕表，设计精致的表壳，搭载极致纤薄的手动和自动机芯，可谓伯爵制表的典范。

Satinato
白金和黄金腕表，缎面工艺，
9P机芯，1960年

Martellato
黄金和白金腕表，锤金工艺，9P机芯，
1959年

Limelight Magic Hour

珠宝腕表，玫瑰金表壳镶嵌钻石，表
壳可旋转呈现三种造型（如图），白
色缎面表带，针扣式表扣，白色瓷釉
装饰表盘

技术实验是取之不尽的灵感源泉，探索制造表壳和表链的创新材料是不变的目标：在制表界，瑞士雷达表是研发的代名词。

瑞士雷达表 Rado

瑞士雷达表的企业发展经历了两个不同的阶段：第一阶段是 1917 年由施卢普（Schlup）兄弟在瑞士郎瑙（Lengnau）成立公司，专门为第三方生产机芯和其他钟表零件。1954 年，施卢普公司（Schlup & Co.）完善了内部生产链，开始制造整件腕表，成为技术能力具有绝对价值的企业。公司生产的腕表因为出售给其他制表公司，表盘无法刻自己的品牌名称。1956 年，该公司全力打造一个品牌的愿望成为现实。最初的名称"Exacto"很快在 1957 年被"Rado"取代，这也意味着品牌历史第二阶段的开启，随后推出了丰富的表款，其中 Green Horse 绿马系列腕表、Starliner Day-Night 腕表和 Captain Cook 库克船长系列腕表，全部搭载自动上链机芯，在远东市场备受青睐。

在感受到亚洲消费者对黄金和光亮材质的偏爱之后，时任瑞士雷达表总经理的保罗·卢蒂（Paul Luthi）做出了绝妙的战略转折，带领这家瑞士郎瑙的制表企业走向成功。又是这批亚洲消费者提出了新的需求：由于日常佩戴出现划痕，需要重新抛光表壳和表链以重现时计的初始光彩，这促使瑞士雷达表投入研发能够用于制作超耐磨腕表的合金。在经过一系列冶金实验之后，1962 年公司发布了 DiaStar 钻星表款，为经过碳化钨和碳化钛处理的精钢表壳。这款腕表打开了瑞士雷达表的国际知名度，其不仅材料创新，线条也具有强烈的冲击力，还拥有

开篇：

DiaStar 2
首款不易磨损腕表，自动上链机芯，圆形表壳，1962 年

Cerix
男女对表，石英电子机芯，高科技陶瓷表壳

213

弧形包围式表圈，及介于酒桶形和椭圆形之间的外形。随后，DiaStar 钻星腕表不断演变出新的版本，外形和表盘充满了色彩和想象力。在这些有趣的实验中，值得一提的还有 20 世纪 70 年代的 NCC（New Conception and Construction 新概念与新构造）表款，将金属与塑料材质结合制作出特殊的防水外壳。

从不易磨损的金属到高科技陶瓷，1986 年推出的 Integral 精密陶瓷系列腕表采用一种由航空衍生材料（用于航天飞机隔热罩）、氧化铝和氧化锆合成的材料制作，这是一种需要在高达 1450 摄氏度的高温下经过冲压或喷射工艺特殊加工的合金；第二道工序，即所谓的金属化工艺，为包括蓝宝石水晶在内的腕表表面赋予介于明亮和透明之间的色调，这是瑞士雷达表的代表性特色。

v10k

石英电子计时码表，表壳材质具有相当于钻石的硬度

DiaStar 67 "Glissière"

石英电子腕表，钻石时标表盘，1976 年

eSenza
男女对表,石英电子机芯,
精钢表壳

加入斯沃琪集团后，瑞士雷达表继续寻找新材料以满足公众的需求，其作品不仅兼具创新风格和使用传统制表机芯，更处于美学设计的最前沿。除了 DiaStar 钻星系列和 Integral 精密陶瓷系列之外，其他高技术品质系列也逐渐加入瑞士雷达表的产品线：Sintra 银钻系列，DiaMaster 钻霸系列，Ovation 系列和 eSenza 系列。2002 年，瑞士雷达表推出了 v10k 腕表，其具有超耐磨和超坚固的表壳，采用硬度为 10000 维氏的材料制成，与钻石的硬度相当（传统手表的硬度约为 200 维氏）。

Sintra
男女对表,石英电子机芯,
高科技陶瓷表壳

DiaStar
自动上链腕表，带星期和
日期显示，超耐磨金属表
壳，1972 年

理查米尔

Richard Mille

理查米尔是创始人理查·米尔（Richard Mille）创立的同名品牌，被誉为"制表界的一级方程式"，不论是先前的职业经验，还是基于个人的狂热爱好，米尔都与F1有着不解之缘，而航空和汽车与指针世界的共同之处，就在于对精度和品质的追求。

开篇：

RM 009 Felipe Massa

手动上链腕表，Alusic材质表壳，镂空机芯，蓝宝石水晶表盘，白色阿拉伯数字时标，限量25枚。

上图：透过其轻盈结构看到的机芯

理查·米尔以创新内容、精湛技术和外形艺术，诠释了制表界的神秘主义，他的腕表是真正的新材料实验和前卫外形的"腕上实验室"。

品牌推出的首款腕表可追溯至 2001 年：坚固表壳同时具有张扬的视觉冲击力和"刀锋战士"式的美学特征，符合人体工程学的外形增强了设计个性，螺钉和缎面饰面极其吸睛。材质有传统的黄金和铂金、钛金，以及实验冶金学的最新发现——ALUSIC，这是一种铝、硅和碳的合成物，极难加工但轻盈而坚固。使用这种合金材质，理查·米尔创作出了专为一级方程式车手打造的自重仅 30 克的 Felipe Massa 陀飞轮腕表，限量仅 25 枚，创下了一项不可思议的纪录。由理查·米尔签名的机芯的技术性能也非常出色，具有经典产品的复杂功能（陀飞轮、计时码表和自动上链），经过匠心独具风格的重新诠释，采用钛金和铝锂合金——一种航空用合金，具有耐腐蚀特性，但密度只有钛金的一半左右。全透明表盘搭配几何形风格的时标和指针，小时和日期的数字让人回想起 20 世纪 70 年代的第一款数字显示手表，使腕表风格独树一帜。

RM 005

自动上链腕表，钛金材质桥板和夹板，日期显示位于 7 点钟位置，钛金表壳，蓝宝石水晶表盘

RM 004

手动上链追针计时码表，玫瑰金表壳
左图：从底盖一侧可见腕表机芯

罗杰杜彼
Roger Dubuis

开篇：
FollowMe
手动上链腕表，十字形表壳，白金材质镶嵌钻石，红宝石装饰表盘

正如在制表界常见的组合，罗杰杜彼的诞生是两个灵魂结合的结果：杜彼（Dubuis）先生是精湛技术的代表，这位制表大师曾在制表界最知名的公司工作多年，而卡洛斯·迪亚斯（Carlos Dias）则是一位雄心勃勃的企业家，他将制表工匠的梦想转化为一个具有构架和组织的企业实体，并在全球所有主要市场开疆拓土。2008年，罗杰杜彼被历峰集团收购。

罗杰·杜彼（Roger Dubuis）和卡洛斯·迪亚斯（Carlos Dias），制表师与企业家的碰撞，诞生了融合风格特色和技术美感的作品。传统从未被遗忘，而是作为品牌的灵感源泉，创作出具有当代品位的迷人腕表。

GoldenSquare
手动上链腕表，具有陀飞轮、大日期窗口和动力储存显示，白金表壳

罗杰杜彼制表厂于 1995 年成立于日内瓦。品牌成立第二年，两个系列表款亮相：具有圆形表壳的 Hommage 腕表，具有前所未有的方形表壳的 Sympathie 腕表，逐渐变细的侧面曲线向各个角落延伸。这两个表款是仅有 28 枚的限量系列（这是品牌的幸运数字），表壳和表盘元素已超越一切界限，是前所未有的独特传奇，且腕表搭载的机械机芯具有日内瓦印记，是高品质和产地的保证。罗杰杜彼以完美润色的机芯和富有启发性的设计对传统复杂功能进行了重新诠释（如使用逆跳指针实现万年历或时间信息的不同显示），但从未忘记始终以最高水平表达技术品质。其后，品牌的

Hommage

自动腕表，带万年历和月相，玫瑰金表壳，带天文台认证，约 1990 年

MuchMore

手动上链全日历腕表，白金表壳

MuchMore

手动上链单按钮计时码表，白金表壳

Sympathie

自动计时码表，弧面八角形表壳，白金材质，带天文台认证，约 2000 年

全新系列也相继问世：MuchMore、GoldenSquare 和 SAW（Sport Activity Watch）腕表是专为男性打造的经典款或超运动款腕表，而令人惊艳的 FollowMe 腕表，则是专为女性打造，十字形表壳独树一帜。

它是人们最梦寐以求的，最多被人模仿的。劳力士，一家拥有庞大规模、卓越品质和领先工艺的企业，拥有令人难以置信的传奇表款：Prince 王子型、Submariner 潜航者型、GMT 格林尼治型、Explorer 探险家型、Day-Date 星期日历型和 Daytona 迪通拿型。

劳力士 Rolex

汉斯·威尔斯多夫，劳力士的创始人

劳力士腕表充分体现了腕表的功能性和独特性，同时兼具坚固性和可靠性。其起源可以追溯至 20 世纪初，德国人汉斯·威尔斯多夫（Hans Wilsdorf）移居伦敦，并于 1905 年成立了专门生产和销售表壳的 Wilsdorf&Davis 公司。得益于威尔斯多夫的敏锐洞察力，品牌销售获得了热烈反响，而他本人是一名现代腕表的坚定支持者，在威尔斯多夫层出不穷的创

日内瓦劳力士总部

意中，可伸缩式表链的推出使腕表可佩戴在手腕之上。从产品销售成功到品牌创立仅用了短短数年：1908 年劳力士诞生，品牌商标于同年 7 月 2 日在拉绍德封注册，威尔斯多夫将技术部门也设立在此；四年后品牌商标在伦敦注册。1912 年，品牌总部迁至瑞士比尔，七年之后，迁至日内瓦，威尔斯多夫在此成立了公司 Montres Rolex SA.

Daytona
自动上链计时码表，白金表壳和表链

开篇：
Daytona "Paul New-man"
"保罗纽曼"手动上链计时腕表，精钢表壳和表链

Cronografo "Jean-Claude Killy"
"让 - 克劳德·基利"计时码表，手动上链计时腕表，带日历显示，精钢表壳，约 1950 年

汉斯·威尔斯多夫是一位伟大的营销人，至少在制表界，他远远领先于时代。他与经销商紧密合作，使劳力士品牌大行其道，而他所采用的指导方针大获成功，时至今日仍是制表业营销策略的重要组成部分。持续的广告宣传，对所制作腕表的精密计时性能的高度关注，对创新的开放态度，赋予了劳力士强大的竞争优势。

在精度上，劳力士11法分（相当于25毫米直径）的机芯，于1914年7月获得了英国乔城天文台的"A级"证书。这是第一个由天文台颁发给腕表的"天文台认证"，直到

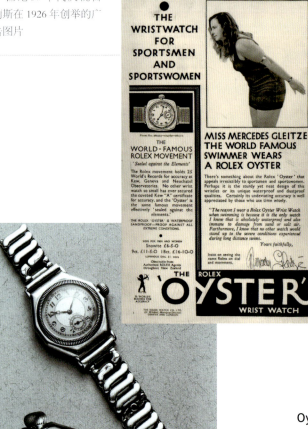

20世纪30年代庆祝吉莉斯在1926年创举的广告图片

1967年，天文台作为专业部门，都要通过在不同位置和温度下对机芯的运行进行严格测试（在意大利，开展该项服务的是米兰的布雷拉天文台）。这是一场"时间比赛"的开始，从那时起，劳力士就致力于精密机芯的制造，多数都获得了官方天文台认证。

劳力士腕表制造的演变经历了两次重要的、革命性的创新，并完全解决了当时让众多制作工匠束手无策的脆弱性和缺乏可靠性的难题。其中一个首要问题就是表壳的防水性，表壳必须能够保护其内部的机芯免受各种应力、碰撞、潮湿和灰尘的渗透，因为这些正是齿轮、桥板和夹板的"天敌"。自20年代开始，劳力士就不懈尝试，终于在1926年推出了旋入式表冠，并于同年10月18日为Oyster蚝式表壳申请了专利，其旋入式底盖通过特殊垫圈密封，构成一个极为坚固且密闭的"蚝"，"蚝式"也因此得名。1927年10月21日，英国游泳健将梅塞迪丝·吉莉斯（Mercedes Gleitze）佩戴劳力士蚝式腕表横渡英吉利海峡，这一壮举突显了这一创新。在超过15小时的长途竞技之后，这位年轻的运动员面带满意的微笑，这枚腕表运行如常、完好无损地抵达英国。威尔斯多夫深谙这一创举潜在的宣传效应，将这一消息传播到世界各地：《每日邮报》头版报道的这张图片堪称制表界历史上最早的品牌宣传之一，在随后的时间里，著名的帆船、高尔夫和网球比赛中都有劳力士活跃的身影。

Oyster

蚝式腕表，手动上链，精钢表壳和表链
游泳健将梅塞迪丝·吉莉斯佩戴该腕表成
功横渡英吉利海峡，1926年

在改进腕表功能性的不断探索中，劳力士于 1931 年凭借 Perpetual 恒动摆陀的专利再次让制表界惊叹不已。这枚装配了双向中央摆陀的自动机芯，除了能够有效解决腕表长久以来的日常上链问题外，还避免了表冠过于频繁的操作（仅调时才需操作表冠），使表壳不易损坏，优化了表壳的水密性。劳力士的 Oyster 蚝式表壳和 Perpetual 恒动摆陀，成为防水性和自动上链的代名词，是腕表制表史上的里程碑。在经典造型的表款中，有劳力士初期的 Tonneau 酒桶形腕表和 Prince 腕表，采用曲面的长方形表壳，在表盘布局上具有一个独立于小时和分钟显示的独立秒针显示；蚝式恒动型计时码表，具有多个不同版本可供选择；还有更具现代感的"泡泡背"系列腕表——"Ovetto"，它是收藏爱好者更为熟悉的名字。自 20 世纪 30 年代手动上链计时码表问世以来，Oyster Chronograph Antimagnetic 蚝式抗磁计时码表脱颖而出，其表壳能够抵抗磁场干扰。

Oyster
蚝式腕表，手动上链，八边形黄金表壳，约 1920 年

Prince Brancard
手动上链腕表，白金和黄金表壳，约 1930 年

Cronografo Monopulsante
单按钮计时码表，手动上链，黄金表壳，黑色表盘，约 1935 年

Datejust

日志型腕表，自动上链腕表，铂
金表壳

在第二次世界大战之后，劳力士转向自动机芯的生产，1945 年推出的 Oyster Perpetual DateJust 蚝式恒动日志型腕表独具风格：酒桶形表壳，完美浑圆的表盘，位于 3 点钟位置的日期窗口，这一永恒的美学，多年来未曾改变。蚝式表壳搭载计时码表机芯和全日历及月相显示，而 1956 年问世的 Day–Date 星期日历型系列，是第一款带有日期和星期显示的自动腕表。搭载手动航联机芯的传统系列表款，则属于 Cellini 切利尼系列，劳力士自 20 世纪 70 年代也开始制作搭载石英机芯的腕表。

Oysterquartz Datejust

石英电子腕表，精钢表壳，白
金表圈，约 1990 年

Day-Date

自动上链腕表，带日历和星期
显示，铂金表壳和表链，约
1980 年

Datejust

日志型腕表，男女对表，
自动上链机芯，精钢和金
质表壳

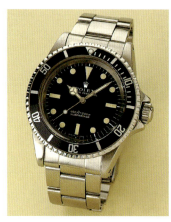

GMT

格林尼治型腕表，自动上链，双时区显示，精钢表壳和表链，约1980年

Explorer Ⅱ

探险家型Ⅱ腕表，"Steve McQueen""史蒂夫·麦奎因"自动上链腕表，双时区显示，精钢表壳和表链，约1980年

Sea-Dweller

海使型腕表，自动上链，精钢表壳和表链，防水深度610米，约1970年

Submariner

潜航者型腕表，自动上链，精钢表壳和表链，防水深度300米，约1970年

20世纪50年代，劳力士引入了一种全新的制表理念，推出的 Professional 专业系列腕表，进入了每一位腕表爱好者的愿望清单。第一款就是1953年的 Submariner 潜航者型腕表：黑色表圈，在任何光线条件下都清晰易读，旋转表圈用于计算潜水时间；蚝式表壳和防刮损 plexiglas 表镜可确保防水深度达200米。该表款经过多次变革，配备越来越大的上链表冠和精钢保护装置，并于1986年推出了蓝宝石水晶版本，防水深度可达300米，表盘搭配白金圆形时标。同样在20世纪50年代，GMT Master 格林尼治型腕表首次亮相，这是一款双时区腕表，具有双指针显示系统：主时区在12小时圈上显示时间，副时区在旋转表圈的24小时圈上显示时间。继"双时区"腕表之后，劳力士于1983年推出的 GMT Master Ⅱ 格林尼治型Ⅱ腕表更是可以显示3个时区。

Daytona

迪通拿型腕表，自动上链计时码表，精钢表壳和表链，约1990年

1953 年还属于探险家型腕表：黑色表盘，没有日期窗口，大阿拉伯数字点缀几何时标。这款腕表也参与了人类的传奇壮举：新西兰探险家埃德蒙·希拉里（Edmund Hillary）佩戴这款腕表攀上了世界最高峰珠穆朗玛峰。从高山之巅到海底深处：1960 年 1 月 23 日，瑞士海洋学家雅克·皮卡德（Jacques Piccard）和美国海军中尉当·沃尔什（Don Walsh）掌舵深海潜艇的里雅斯特号，潜艇外部装配劳力士专门制作的 Deep Sea Special 腕表，到达了太平洋的马里亚纳海沟，创下了下潜深度 10916 米的新纪录。

1961 年，Oyster Cosmograph 蚝式宇宙计问世，令劳力士计时码表爱好者们心生欢喜，其表圈带有测速刻度和泵式按钮。其后，Daytona 迪通拿诞生了，其每一次改变都为劳力士留下极具辨识度的烙印：旋入式计时码表按钮、对比鲜明的表盘与计时盘、精钢表圈或黑底表圈，其中最为珍惜和讲究的是"保罗·纽曼"这一枚，它的独特之处在于以与计时盘相同颜色再现分钟刻度边缘的表盘。在技术层面，继初期的手动上链机芯之后，劳力士 1988 年推出了搭载真力时 El Primero 自动机芯的 Daytona 迪通拿版本，直至 2001 年，Daytona 迪通拿型自动计时码表都由劳力士独立制造的机芯提供动力。

Oyster "Ovetto"
蚝式"Ovetto"腕表，自动上链腕表，
精钢表壳，约 1930 年

在近年来最受青睐的表款中，Sea-Dweller 腕表堪称潜水工艺的精髓，这也得益于在其创作过程中与专业潜水员的合作，使 Submariner 腕表的品质得到进一步提升。1971 年推出的第一个版本配备了排氦阀，防水深度达 610 米，紧随其后的 Sea-Dweller 腕表具有双重防水等级。70 年代的冠军腕表还有 Oysterquartz 腕表，它佩戴在登山者莱因霍尔德·梅斯纳尔（Reinhold Messner）的腕间，陪伴其完成了"海拔 8000米"的冒险；探险家型 II 腕表，具有双时区、精钢材质固定式 24 小时表圈。

在不懈的设计创意中，在几乎无形的改进中，劳力士近年来的新品层出不穷：1992 年推出的 Yacht-Master 游艇名仕型腕表，30 年代的 Prince 腕表的再版，以及一系列极具机械和美学冲击力的表款，如 Submariner 和 GMT 格林尼治型的 50 周年纪念系列腕表、2003 年的 Submariner "绿水鬼"、2005 年在巴塞尔钟表展亮相的 GMT Master II 黄金材质陶瓷表圈腕表。

Submariner
潜航者型腕表，自动上链计时腕表，精钢表壳和表链

Explorer
探险家型腕表，自动上链计时腕表，精钢表壳和表链

**Submariner
"Chiera Verde"**
潜航者型"绿水鬼"，自动上链腕表，精钢表壳和表链，防水深度 300 米

Yacht-Master
游艇名仕型腕表，自动上链，精钢表壳和表链，铂金表圈和表盘

2007 年，Milgauss 格磁型腕表再次令腕表爱好者惊叹，其蚝式表壳忠实再现了 20 世纪 50 年代诞生的复古 Milgauss 格磁型腕表的抗磁原理，在特别版本中，采用绿色蓝宝石水晶表镜来保护表盘。除了传统的 Oyster 蚝式表链、Jubilé 五格链节纪念型表链、President 元首型表链和经典的鳄鱼皮表带，劳力士还呈献了 Oysterflex 型表带——金属外层包覆一种特殊的弹性材质表带。自 2015 年起，超卓天文台精密时计认证（Superlative Chronometer）印证了劳力士机芯工艺和技术标准的不断更新和应用，也代表着越来越严苛的标准。Yacht-Master 游艇名仕型腕表 II 中加入了一项对海洋爱好者非常有用的全新复杂功能，即帆船赛计时码表；而 Sky-Dweller 纵航者型腕表最初仅有黄金版本，配备双时区和年历显示。2012 年，劳力士确立了在防水腕表中的霸主地位。劳力士 Oyster Perpetual Deepsea Challenge 蚝式恒动深海挑战型腕表是一款实验型潜水腕表，防水深达 39370 英尺（12000 米），其搭载自

Yacht-Master

游艇名仕型腕表，自动上链，白金表壳，旋转表圈用于潜水计时，Oysterflex 表带（由外面包覆高强度弹性材质的柔性金属片制成）

Sky-Dweller

纵航者型腕表，自动上链，黄金表壳，由柔性金属片制作的 Oysterflex 表带包覆高强度弹性材质，复杂功能机芯，第二时区和年历显示，2020 年

GMT-Master II

格林尼治型 II 腕表，自动上链，带第二时区显示，精钢表壳，24 小时刻度蓝黑双色旋转表圈，精钢 Jubilé 五格链节纪念型表链

Submariner

潜航者型腕表，自动上链，防水深度至 300
米，精钢表壳和表链，带有潜水时间刻度的
陶瓷 Cerachrom 字圈，全新自产 3230 型
机芯，带官方精密时计认证，2020 年

动机芯，采用精钢表壳和钛金属底盖，拥有 51.4 毫米的
直径和 28.5 毫米的厚度，这款以皇冠为标志的品牌再一次
探索马里亚纳海沟，与詹姆斯·卡梅隆（James Cameron）
共同进行了这场海底探险。身为国家地理学会驻会探险
家和著名导演（执导的《泰坦尼克号》1998 年荣获奥斯
卡奖），同年 3 月 26 日，卡梅隆在劳力士深海挑战型实
验款腕表的陪伴下，独自完成潜水并碰触到了大洋的最
深处。挂在潜艇液压臂的外部，能够抵抗任何类型的应
力和压强，历经近 7 个小时的海底旅行，劳力士深海挑
战型实验款腕表以完好如初的运行状态返回水面。

劳力士深海挑战型实验款腕表与深海探险家
兼导演詹姆斯·卡梅隆于 2012 年探索大洋最
深处

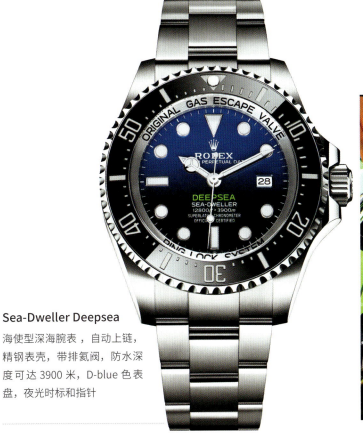

Sea-Dweller Deepsea

海使型深海腕表，自动上链，
精钢表壳，带排氦阀，防水深
度可达 3900 米，D-blue 色表
盘，夜光时标和指针

精工源自服部金太郎于 1881 年在东京开设的一家钟表店，后于 1892 年创立了精工社。品牌业务在 20 世纪蓬勃发展，1924 年，生产出了日本第一枚腕表，以精工命名。

可靠和精准的运行，使精工成为日本铁路的官方供应商，并成为全球重要体育赛事，如 1964 年东京奥运会的精选品牌。也正是那一年，第一枚日本生产的计时码表问世，这是日本机械制表之路上的重要时刻，这一时期的标志是 Grand Seiko 冠蓝狮腕表的推出，这枚凝聚了制表师最佳技艺与匠心的时计，之后成为精工公司内部的一个独立品牌。1969 年 6139 机芯问世，这是最早的自动计时腕表机芯之一，同时被多个重要的瑞士品牌所采用。同年，精工 Quartz Astron 问世，这是世界上第一枚具有卓越计时性能的石英表，更是掀起制表界一场长期革命的先驱。这款腕表采用指针显示，自 1973 年起让位于具有多功能数字显示和液晶 LCD 显示屏的手表。 1975 年问世的 Professional Diver's 600 米腕表，将钛金属材质应用于潜水

精工 Seiko

Crown Chronograph

单按钮计时码表，手动上链机芯，
1964 年

精工腕表

第一枚原型表，手动上链，
表盘上带有 Seiko 精工名
称，1924 年

Sports SpeedTimer

垂直离合和导柱轮计时码表，自动
上链机芯，1969 年

开篇：
Seiko Astron Dual Time

为纪念 1969 年第一枚 Astron 石英
表诞生 50 周年而推出的限量款，
采用太阳能 GPS 技术，2019 年
右图：Astron 石英表

**Professional Diver's
600 metri**

钛金表壳潜水腕表
自动上链机芯，1975 年

Spring Drive Spacewalk

2008 年专为太空探险家理查德·加
里奥特（Richard Garriott）制作
的高性能腕表，2010 年再版限
量款

腕表中，突显了精工对技术的精益求精。随后又推出了名
为 Diver's 1000 米的腕表，这是第一款采用钛金表壳和陶
瓷外部部件的腕表。在 Kinetic 人动电能技术上，精工还
获得了重大技术发现，这是一种能为石英机芯提供动力的
独创自动上链装置，而 1999 年的 Spring Drive 系统用创新
的高精度单向调校机构替代了传统的瑞士式擒纵机构。

位于东京银座的和光
钟塔，建于 1932 年，
采用新文艺复兴风格，
是精工的象征

制表界以斯沃琪之名掀起了塑料革命。在绝对简洁的构造中，斯沃琪隐藏着创新、高科技、艺术、色彩、宣传与营销。

斯沃琪
Swatch

1983 年是斯沃琪的诞生之年。在日本石英机芯电子手表大举"入侵"制表界，引起了瑞士制表业危机之后，手表之乡终于找到了应对之策。最初，斯沃琪决定在制表领域与日本巨头一较高下，尝试着制造低成本的石英机芯，但效果并不理想。若要重振古老制表的辉煌，必须找到一个新的策略，在内容和价格上实现真正的创新。在企业的战略和财务上，尼古拉斯·G.海耶克（Nicolas G. Hayek）作为企业的领导者，而在项目上，则由恩斯特·汤姆克（Ernst Tomke）、埃尔玛·莫克（Elmar Mock）和雅克·穆勒（Jacques Muller）三位工程师负责运营。根据 ETA（一家专门从事制表机芯开发的公司）在 20 世纪 70 年代后期对厚度仅为 0.98 毫米的超薄石英机芯 Delirium 进行的研究，设计师们开发出了一种具有相同构造理念的机芯，表壳的元素也具有功能性目的（这也是底盖成为机芯底座的原因）。通过创新技术——如塑料的微挤压技术的使用，可以将零件数量从传统石英表的 91 个减少到 51 个，使产品具有绝对的优势。

开篇：
Folon Le Temps，Perspective 和 Voir
斯沃琪艺术家纪念表，让·米歇尔·福隆（Jean Michel Folon）设计，1987 年

Typical Square 表盘上的瑞士联邦经典红十字旗，2000 年

编号 GR100
石英电子腕表，红色塑料材质，1983 年

Jelly Fish
石英电子腕表，全透明表壳，1984 年

大幅度简化了生产链，带来的经济效益不容小觑。塑料表壳搭配齿状接口的彩色表带，标志着斯沃琪时代的开始，这款手表在 1983 年 3 月 1 日问世之际，以其制造品质和极为经济的价格而令人惊叹（在意大利的售价为 50000 里拉，相当于 25 欧元）：模拟石英机芯能够确保每天的最大偏差仅为 1 秒，表壳防水深度达 30 米，如在保修期内出现故障，将直接更换新表。

自首批纯色版本（红、黄、黑、绿）推出之后，1984 年问世的彩色款，拥有堪称颠覆性的美感。正是这款产品使"Swatch"（即"瑞士制造"，Swatch 一词是 Swiss 瑞士 +Watch 手表的缩写）重新俘获了腕表爱好者们的心。深刻感受到了斯沃琪带来的驱动力，瑞士制表企业在漫长的创意沉寂时期之后，在塑料手表的成功浪潮中，再次回归了最高水平，为瑞士制表业的复兴带来了活力。斯沃琪被视为当代制表业最具革命性的产品，因为它引入了一种全新的手表创作思维，在此之前，腕表一直被视为人生的重要伴侣，受到最大程度的呵护，是感受时间流逝的唯一的、最基本的工具。另一方面，斯沃琪向腕表爱好者们传递了一种都市风格，一种不断变化的乐趣：可以通过不断更新的技术和具有强烈冲击力的图形设计，使腕表成为每天都要佩戴的多彩人生的宣言。

White Horse

石英电子计时码表，塑料材质，
多彩表盘，1990 年

Oigol Oro Mimmo Paladino

收藏爱好者最为追捧的一款斯沃琪艺术家纪念表，限量仅 140 枚

由涂鸦艺术大师凯斯·哈林 (Keith Haring) 设计的三枚斯沃琪艺术手表 Haring Serpent、Mille Pattes 和 Blanc sur Noir，1986 年

年轻设计师们是斯沃琪变幻无穷的图形风格的主角。此外，斯沃琪还与知名艺术家联手打造腕表，用洋溢的激情和创新的精神，为时计注入未来主义的灵魂，并幻化为绚丽丰富的调色盘：福隆（Folon）、米莫·帕拉迪诺（Mimmo Paladino）、阿纳尔多·波莫多罗（Arnaldo Pomodoro）、瓦莱里奥·阿达米（Valerio Adami），这些绘画界、雕塑界、摄影界响亮的名字，都为品牌赋予了智慧的光环。带有日期窗口的三眼腕表也很快加入到

Kiki Picasso

斯沃琪艺术家纪念表，由法国艺术家克里斯蒂安·查皮隆（Christian Chapiron，其艺名 Kiki Picasso 更为人所熟知）设计，1985 年

在斯沃琪 Via della Spiga 精品店的开业庆典上身着斯沃琪产品的模特瓦莱里娅·马扎（Valeria Mazza）

Jelly Skin

超薄表盘，1998 年

Shadiness

超薄系列，数字时间显示，2000 年

Pure Line

超薄表盘，表盘厚度仅 3.9 毫米，1997 年

Phenomenon

超薄计时腕表，石英电子机芯计时码表，2001 年

产品线中，自动机芯成为斯沃琪机芯的主打，伴随着具有高度防水性的潜水腕表 Scuba 和 Chrono 的问世，斯沃琪坐拥更大的成功，流行全球。斯沃琪的成功密码是不断带来惊喜，精钢和铝元素也加入到表壳当中（Irony 系列）。Skin 系列以仅有 3.9 毫米厚度的表壳为特色，随后于 2003 年推出了斯沃琪 Touch 数码触摸系列，这是一款通过特殊的触屏技术来操作的腕表，该系列的推出再次突显了技术研发的重要地位，更是品牌的重要特征之一。

为了表达斯沃琪的重要理念和捕捉时代精神使命，20 世纪 90 年代，斯沃琪坚持跨时代的创新，推出了新奇产品 Internet Time 国际网络时间 Beat 腕表。实际上，斯沃琪 Beat 腕表是第一款不以 24 小时和 60 分钟作为时间单位的手表，它引入了一种与网络世界连通并以斯沃琪 Beat 表示的完全不同的计时单位，这也是在通信专家包括最受尊敬的媒体学者之一——麻省理工学院媒体实验室创办人尼古拉斯·尼葛洛庞帝（Nicholas Negroponte）的支持下进行的一种尝试，旨在找到一种全新的、更具功能性的时间度量衡。

斯沃琪的 Internet Time 国际网络时间，将一天分为 1000 个数位，每个数位对应一个 beat，相当于 1 分钟 26.4 秒。常规的正午时分被表示为 @500 斯沃琪 beat，若要根据地理位置同步时间，仅需以斯沃琪总部所在地瑞士比尔的子午线为参考，以此方式，用 BMT（比尔标准时间）替代常规的 GMT（格林尼治标准时间）。斯沃琪 Beat 这款具有未来主义设计风格的数字显示手表，见证了 20 世纪 90 年代末期的这一创举，尽管其商业影响力甚微，但是从知识的角度来看非常有趣。有时，斯沃琪也会跨出贵重材质的界限，Trésor Magique 腕表采用铂金表壳，而 Nuit Etoilée 腕表和 Lustrous Bliss 腕表更是

Black Sceptre

Irony 系列，石英电子表，2002 年

Happy Joe Yellow

Irony Big，精钢表壳，1997 年

使用了钻石。然而，从技术的角度来看，最"离经叛道"的当属2001年的Diaphane One 腕表，这是一款限量款腕表，是斯沃琪对阿伯拉罕－路易·宝玑发明的陀飞轮进行的别样演绎。陀飞轮活动笼架的功能在于消除手表在垂直位置的位差，Diaphane One 腕表应用了这一原理，从表盘侧面可以看到活动笼架。这一笼架与陀飞轮的不同之处在于其含有更多数量的机械部件，能在30分钟内完成一次完整转动，秒针则位于特殊的小表盘之上，围绕小时和分钟的中央指针旋转。Diaphane One 腕表具有相当厚度的表盘由半透明塑料和金属铝制成，底盖配有蓝宝石水晶舷窗，能够透过其观察到A93.001 机芯——由164个部件组成的手动上链机芯。

从左至右：

编号 GN701

带日期和星期显示，
1983 年

Don't Be Too Late

塑料表壳，1984 年

编号 GB103

大数字表盘，1983 年

Black Magic

全黑色表壳和表盘，
鲜明对比色指针，
1984 年

在专业领域方面，斯沃琪同样取得了进展，推出了
将时间显示与特殊功能相结合的非常有趣的解决方案。
例如 Access Snowpass——首款腕上"滑雪通行证"，表
壳内配备一个数据存储芯片和一个控制上山缆索装置围
栏开启的天线。与最受欢迎的运动项目相结合——尤其
在年轻人当中，使得斯沃琪与体育活动建立起紧密的联
系，在最近几届奥运会当中，斯沃琪担任了官方时计的
角色。

Download

Beat 系列，1999 年

Webstream Black

Irony Beat 系列，1999 年

Diaphane One

手动上链腕表，具有特殊的
活动式笼架装置，塑料和铝
金属材质表壳，2001 年
下图：机芯细节
右图：腕表背面

Bluematic

自动上链腕表，天蓝色塑料
材质，1991 年

Colours Code

2010 年的 10 款腕表，再现了
80 年代斯沃琪颠覆制表界所采
用的塑料材质、色彩和品牌的
原创元素

斯沃琪 2004 年的 Fun Scuba 腕表中增加了深度计功能，它虽不能取代潜水员所使用的专业装置，但在潜水过程中能够显示即时深度。2014 年 Sistem 51 机芯问世，斯沃琪用强大的创新能力再次惊艳了制表界。这是世界上第一款由自动化装配线制造的机械机芯，其基本部件的数量减少到了 51 个，获得了 17 项专利。

Bora-Bora

Scuba 系列，石英电子表，
塑料材质，1990 年

Spot the Dot

斯沃琪艺术家纪念表特别系列，石英电子机芯，塑料材质，多色，与设计师亚历山德罗·门迪尼（Alessandro Mendini）合作设计，2015 年

FlyMagic Sistem

Sistem 51 机芯系列，自动上链机芯，精钢表壳，限量 500 枚，2019 年

Sistem Red

Sistem 51 机芯系列，自动机芯，红色透明塑料表壳，黑色表盘，2014 年
右侧：表盘背面

泰格豪雅，源自 1860 年的瑞士前卫品牌。它肩负着高端品质制表的使命，制作的腕表不断突破高精确度的极限。偏爱充满速度与激情的体育赛事，也不断敦促它在腕表机芯工艺上精益求精。

泰格豪雅 TAG Heuer

美国演员史蒂夫·麦昆
1971 年拍摄电影《勒芒》
时，佩戴着豪雅 Monaco
摩纳哥系列计时码表

爱德华·豪雅(Edouard Heuer）于 1860 年在瑞士圣耶米（Saint-Imier）创立了同名品牌，仅仅在九年之后，就借助手动上链系统的发明获得了第一项专利。很快，豪雅就成为可靠机芯的代名词，因为其满足了现代新兴体育运动对精度的要求。1887 年，豪雅获得了摆动齿轮计时码表的专利，时至今日，该项专利仍为多家知名制表公司所使用。对计时码表的关注，带领豪雅在 19 世纪末期的巴黎世界博览会上斩获银奖。之后豪雅开启了下一个世纪之旅，在表盘上增加了脉搏刻度，可以更容易地测量脉搏；豪雅也开始与汽车界合作，推出了一款能够显示行程时间的全仪表板时计。1916 年，豪雅推出了 Micrograph 计时码表，它拥有全世界第一只精确至百分之一秒的机芯，然而，这只是一枚运动计时器，并非一枚完整的腕表。豪雅在体育赛事测时的专业能力，助力豪雅所生产的时计在 1920 年成为安特卫普奥运会的官方时计；随后在 1924 年的巴黎和 1928 年的阿姆斯特丹，豪雅依旧被指定为官方时计；1980 年，豪雅在普莱西德湖和莫斯科再次完成了其奥运之旅。

开篇：

Monaco Steve McQueen

摩纳哥系列 史蒂夫·麦昆腕表，
自动计时码表，精钢表壳

左侧：

Monaco

手动上链计时码表，精钢表壳，1974 年

右侧：

Monaco

自动上链计时码表，精钢表壳

Microtimer

石英电子机芯，精度为千分之一秒

1930 年，豪雅推出了一款带有小时计时盘的全新仪表板时计，紧随其后又推出了首款带有多个计时盘的计时码表。1933 年，豪雅推出名为 Autavia 的仪表板计时码表，后来还以这个传奇的名称推出了一些极具特色的腕表。第二次世界大战之后，推出了 Mareograph——一款能够显示潮汐的计时腕表。豪雅成为技术品质和极限运动时计的代名词，在极限运动中对精度有着更高的要求。1964 年，Carrera 系列诞生，这款计时码表是当代运动制表历史的开端。这款腕表配备双计时盘，首次在从墨西哥最北端到危地马拉的3000 公里泛美卡莱拉公路车赛中使用。1969 年，Carrera 成为第一款搭载 Calibre 11 机芯的腕表，在这只机芯中，使用整合在机芯整体中的微摆陀进行自动上链。这款机芯由 Büren 和汉米尔顿共同开发，作为第一款自动上链计时码表机芯，可以与真力时的 El Primero 机芯相比肩。

随后，豪雅在 1966 年推出了 Microtimer 计时码表，这枚小型电子精密计时工具，能够读取低至千分之一秒的时间。20 世纪 70 年代，该

Calibre 360

自动计时码表，摆轮振频为 360,000 次 / 小时，确保精确度达到百分之一秒（目前机械表所能达到的最大值），TAG Heuer 泰格豪雅原型

品牌是 F1 法拉利车队的官方时计。1975 年，豪雅推出了 Chronosplit，它是第一款配备 LED 和 LCD 双显示功能的石英计时码表。

1985 年是一个重要的转折点：豪雅与前卫科技集团 TAG——一家实验研究领域的领先公司合并，由此诞生了泰格豪雅，总部位于马林（Marin）。这个强强联手的第一个成果，就是具有科技烙印的 Formula 1 系列。1985 年，介入赛车运动的泰格豪雅，争取阿兰·普罗斯特（Alain Prost）成为品牌形象大使，这一年，这位横跨阿尔卑斯的赛车手夺得世界冠军。1987 年，泰格豪雅首次亮相于高山滑雪世界杯，赞助了马克·吉拉德利（Marc Girardelli）和赫尔穆特·霍弗莱纳（Helmut Hoeflehner）等冠军，并推出了 S/EL 运动系列腕表（S/EL 是运动与优雅的缩写）；而 1994 年推出的 6000 系列计时码表，

被评选为年度腕表，被埃尔顿·塞纳（Ayrton Senna）这位无可争议且令人难忘的赛车冠军佩戴，同时他也是泰格豪雅的一位形象大使。20 世纪 90 年代后半期，在腕表爱好者的印象中，泰格豪雅几乎只生产运动腕表。泰格豪雅推出了两个风格鲜明的系列：代表着科技与创新的 2000 系列，以及与经典风格的 Monaco 系列和 Carrera 系列相比风格迥异的 Kirium 腕表。Monaco 系列是具有方形表盘的自动计时码表，是史蒂夫·麦昆（Steve McQueen）在 1971 年拍摄电影《勒芒》时所佩戴的腕表的复刻版本；而 Carrera 系列则再现了为泛美赛道所制作的表款。

Monaco V4
机芯的皮带上配备四个发条盒，以赛车为灵感，
泰格豪雅原型腕表
右图：机芯细节设计

1999 年，泰格豪雅被 LVMH 集团收购，但这一变化并未改变品牌扩大现有的产品线、继续赞助体育赛事、选择冠军作为产品的代言人的发展策略。2001 年，经典腕表中增加了新成员 Monza，这是一款具有曲面方形表壳的计时码表，其运动版本则被世界高尔夫明星泰格·伍兹（Tiger Woods）和美洲杯上宝马甲骨文帆船队运动员所佩戴。之后，泰格豪雅再次推出 Autavia 系列腕表，表壳沿用了 20 世纪 60 年代的原版形

墨西哥卡莱拉泛美车赛

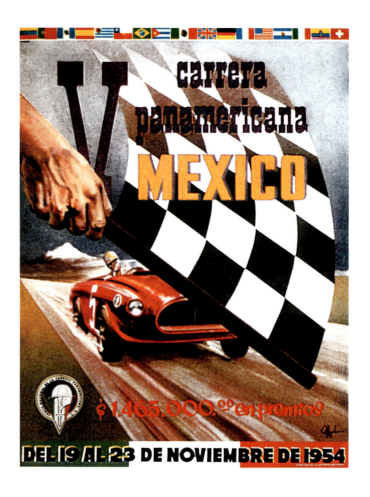

Carrera

手动上链计时码表，精钢材质，泵式按钮，针状时标和指针，约 1960 年

墨西哥卡莱拉泛美车赛的原版海报，这是一场非常艰苦和冒险的车赛，由于具有极高的危险性，仅在 1950—1960 年举办了几届

Autavia

自动上链计时码表，Calibre 11 机芯，1969 年

状，计时按钮则位于上链表冠的对侧。在技术创新方面，Microtimer 于 2002 年推出石英机芯版本，精度可达到千分之一秒，其线条优雅精致，在日内瓦高级钟表大赏中荣获设计奖。2004 年，Monaco V4 问世，这是一枚以革命性技术为特征的机械腕表原型；Calibre360 机芯腕表使泰格豪雅站在了最新的技术前沿，这是首款能够测量百分之一秒的机械计时腕表，在 2005 年的巴塞尔钟表展上作为原型亮相，采用圆形钛金表壳和橡胶表带。

Carrera Tachymetre

自动腕表，精钢表壳和表链，带有日期窗口，表圈上刻有测速刻度

Carrera

精钢材质自动计时码表全系列

Carrera 1964

自动计时码表，精钢材质，40 周年纪念版，限量 1964 枚

少数腕表爱好者终于在 2009 年幸运地将 Monaco V4 腕表佩戴在自己的腕上，当时为庆祝品牌成立 150 周年，限量发行了 150 枚。不懈的探索总会带来惊喜：Grand Carrera Calibre 36 RS Caliper 超级卡莱拉系列 CALIBRE 36 RS 计时手表，具有测量十分之一秒的游标刻度；而 Pendulum 这款革命性的腕表，则采用了无游丝调校装置，且具有更小的振动角度。以"更精确的时间测量"为主题，泰格豪雅创作出了 Carrera Mikrograph 100 和 Mikrotimer Flying 1000，这两款计时码表分别具有百分之一秒和千分之一秒的计时指针。前卫精神引领着泰格豪雅，2015 年，品牌带着 Connected Watch 首次在智能手表界亮相。这款腕表传承了传统制表的美学冲击力，却又让我们完全忘记了传统制表的起源，具备满足运动爱好者的多种连接服务和监测工具的数字技术。

Carrera Calibre 1887
自动计时码表，带日期显示，精钢材质，防水表壳，煤黑色表盘，与表盘同色调的鳄鱼皮表带，玫瑰金色指针和数字时标

Monaco V4
自动腕表，铂金材质，搭载创新的皮带动力传输系统和线性振动砝码，在 2004 年推出的概念表基础上开发，限量 150 枚，2009 年

Heuer Carrera Mikrograph
自动计时码表，带有百分之一秒精密计时认证，摆轮振频每小时 360 000 次，玫瑰金表壳，限量 150 枚

Connected

1

智能腕表，精钢表壳和表链，黑色陶瓷表圈，具有两种不同表盘版本，2020 年

2

智能腕表，精钢表壳，黑色陶瓷表圈，黑色镂空橡胶表带，2020 年

3

智能腕表，2 级钛金表壳，哑光黑色 DLC 工艺，黑色陶瓷表圈，黑色镂空橡胶表带，2020 年

4

智能腕表，精钢表壳，黑色橡胶表带，2020 年

"非凡创意，源于传统"，天梭的品牌宣言，显示了其对想象力和创造力的无限追求。自 1853 年以来，天梭不断追求革命性的技术创新。20 世纪 70 年代的塑料和 80 年代的花岗岩，是天梭对新奇材料无限探索的证明。

天梭

Tissot

作为瑞士最传统的制表厂之一，天梭于 1853 年诞生于汝拉山区的小镇勒洛克。自查尔斯－菲利·天梭（Charles-Félicien Tissot）创立之后，公司致力于怀表制作，得益于创始人之子查尔斯－埃米尔·天梭（Charles-Émile Tissot）的商业能力，天梭成为瑞士境外最为活跃的制表商之一。

天梭表广告，约 1935 年

1858 年，查尔斯·埃米尔离开勒洛克前往俄国，这块沙皇之地在当时是天梭的第一个市场，随后，天梭还出口至欧洲各国、美国及拉美地区。在巴黎、安特卫普和日内瓦的世界博览会上，天梭腕表屡获殊荣，包括女演员莎拉·伯恩哈特（Sarah Bernhardt）在内的众贵宾都对天梭腕表青睐有加。腕表的演变在天梭得到了完美演绎：1917 年，天梭推出了备受关注的 Prince 王子经典系列腕表，拥有弧面表壳和以 Art Déco 艺术装饰风格为灵感的阿拉伯数字表盘，因其独特的风格，又被称为"香蕉表"；而 20 世纪 30 年代推出的具有防磁表壳的表款，更是制表界对工业技术发展所带来的需求的技术响应。实际上，电话和电气设备是强磁场的来源，更是钟表机芯的劲敌，磁场影响会导致机芯无法正常运转，因此防磁腕表在日常生活中是非常有效的工具。

Navigator

手动上链腕表，带世界时间显示，精钢表壳，1952 年

开篇：

Astrolon – Idea 2001 by Tissot Research

手动上链腕表，合成材质机芯和表盘，1971 年

天梭Rock Watch腕表广告，
约 1980 年

Wood Watch

石英电子腕表，石楠木质
表壳和表盘，1989 年

在 20 世纪 40 年代，天梭通过引人关注的广告宣传来推广和营销。在瑞士，天梭与主要城市的优质店铺合作，由一名技术人员在橱窗中展示精确度调校，为了解机芯的复杂性带来直观的体验，这是一项既有趣又吸引眼球的创举。之后，天梭通过在体育界的赞助对品牌进行推广：1966 年的游艇，60 年代末的汽车，近年来的自行车、摩托车、击剑和冰球赛事，天梭都充当官方时计的角色。

一直以来，天梭的产品都展现了品牌的创新精神。1953 年推出的 Navigator 领航者系列腕表，表盘分为 24 个扇区对应 24 个时区，兼具极致实用性和功能性美感；而在联合国教科文组织世界文化遗产的阿尔克 – 塞南皇家盐场，这款表盘的"放大款"矗立其中，显示着世界时间，赋予了不朽的"世界之钟"以生命；随后，Navigator 领航者系列腕表还推出了电子机芯款，特别是液晶数字显示版

天梭 Rock Watch 腕表
广告，约 1980 年

Rock Watch

石英电子腕表，花岗岩材质
表壳和表盘，1985 年

本。1965 年的 PR516 腕表在美学设计上，完全呼应了汽车的主题，更确切地说是赛车方向盘的设计。1968 年的广告宣传具有重要意义，天梭的品牌标志占据了秘鲁冠军亨利·布雷德利（Henry Braedley）所驾驶的赛车车身。自 1978 年与莲花车队合作后，天梭与"四轮速度激情"世界有了更加紧密的联系：当年，在传奇人物科林·查普曼（Colin Chapman）带领下的莲花车队站在了 F1 的巅峰。20 世纪 70 年代，天梭开始采用创新材料，1971年，推出天梭 Sytal 系统（在意大利以 Idea 2001 and Tissot Research 的名称销售），这款由塑料材质制成的机芯名为 Astrolon，也是斯沃琪的"先导者"。尽管生产效率的提高和机芯运动部件的自带润滑属性为这款机芯带来了潜在的优势，但是其在品牌效益方面却收效甚微：Sytal 系统可能过于超前，设计师们提出的解决方案还无法保证腕表所需的可靠性。而 Rock Watch 腕表却大获成功，这款

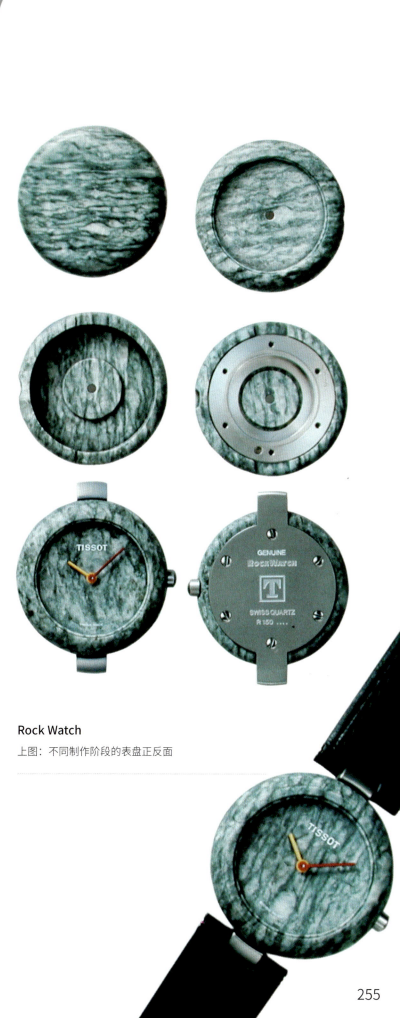

Rock Watch

上图：不同制作阶段的表盘正反面

腕表的表盘采用岩石雕刻而成，最初使用瑞士阿尔卑斯山的花岗岩（1985 年），之后采用来自于世界各地的石材，在各个版本中都保留了富有特色的红色和黄色指针。1987 年和 1988 年，天梭还推出了其他特殊材料制成的表款：Pearl Watch 和 Wood Watch，分别采用贝母表壳和地中海石楠木表壳。1991 年，陶瓷材质和天梭 Ceraten 腕表一同进入了公众视野，这款腕表搭载石英电子机芯和锂电池，能够确保超过十年的运行动力。紧随其后的

是 Titanium 7 腕表，一款具有双时区功能的钛金材质腕表。天梭腕表中经常出现的一个功能就是多重显示，如 1986 年的 Two Timer 腕表，兼具指针显示和数字显示，而所有功能均由同一个表冠控制。2000 年问世的 T-Touch 腕表是绝对的新鲜事物，只需手指轻触触屏，就能够激活它时间和日期显示之外的其他功能：高度计、计时码表、指南针、闹铃、气压计和温度计。

F1 广告，约 1970 年

F1
石英电子腕表，具有指针和数字双重显示，精钢表壳和表链，1978 年

T-Touch

石英电子腕表，触摸式表盘，
精钢表壳，橡胶表带

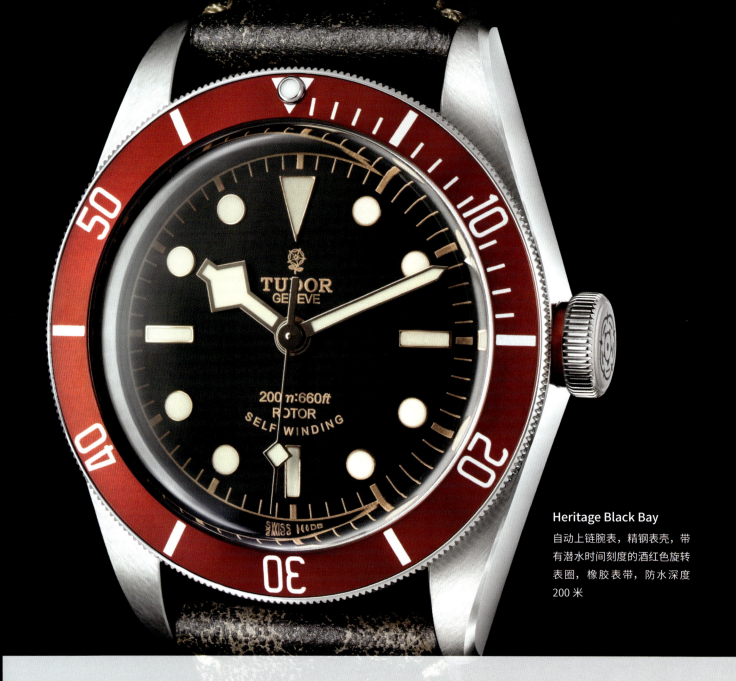

Heritage Black Bay
自动上链腕表，精钢表壳，带有潜水时间刻度的酒红色旋转表圈，橡胶表带，防水深度200米

多年以来，帝舵表一直被视为劳力士集团的第二品牌，自 2007 年起，帝舵表经历着一个全新的重要设计时期，产品系列引人关注，是其坚持创意与生产完全独立策略的结果。

帝舵 Tudor

Fastrider

自动上链计时码表，精钢表壳，亮面和缎面交替装饰，红色表盘，针织表带，46 小时动力储存

右侧：
另外两个版本的 Fastrider 自动计时码表：精钢表壳和表链以及精钢表壳搭配针织表带，两个版本的表圈上均带有测速刻度

汉斯·威尔斯多夫在创立劳力士后，想要成立一个兼具相似结构功能和高可靠性，但价格更低的品牌，于是帝舵表就这样诞生了。和以五角皇冠为标志的劳力士相比，帝舵表一直处于次要地位。这一定位略显"鸡肋"，不过，近年来全新的管理层为帝舵表设定了一条独立的发展道路，其产品线拥有更加清晰和强烈的个性。

该品牌的起源可以追溯到 1926 年，注册名称为 Tudor，但距离 Montres Tudor SA 公司在日内瓦成立已有 20 年：1947 年首批 Oysters 腕表投入生产，1952 年推出 Oyster Prince 系列，威尔斯多夫以象征着英国王朝的玫瑰为灵感作为品牌标志；1969 年，在推出 Prince Submariner 系列和 Prince DateDay 系列时，以盾牌的造型替代了原有的玫瑰标志；20 世纪 70 年代推出了首款计时码表系列；1991 年和 1999 年，分别推出了 Monarch 系列和 Hydronaut 系列。

2007 年是帝舵表的分水岭，在国际宣传的支持下，强势推出具有鲜明特色的腕表产品，更加凸显了帝舵表独立发展的决心。当时推出了以运动风格为灵感的 Grantour 系列腕表、面向传统风格受众的 Glamour Double Date 系列腕表、Heritage Chrono、Advisor 和 Black Bay 碧湾型经典风格腕表。此外，帝舵表还在摩托车领域与保时捷和杜卡迪等极具价值的品牌展开合作。

雅典表致力于计时码表和精密时计，通过天文的复杂功能将从不朽的钟表巨作中传承而来的魅力发挥得淋漓尽致，将古老宫墙上的天象图幻化在腕表的表盘之上。

雅典表 Ulysse Nardin

尤里斯·雅典（Ulysse Nardin）出生于1823 年 1 月 22 日，继承了父亲对制表技艺的热爱。作为机芯工艺的诠释者，雅典先生多年来备受认可。品牌的创立可追溯到 1846 年，雅典表的最早表款也在同一年问世。雅典表的怀表拥有极为精致的构造，而航海天文台表，更是品牌的独特专长。精确、可靠，一直以来都是企业的独特品质。在公司的发展史上，雅典表曾在国际大赛和国际展览会中收获众多奖项。此外，曾获得过天文台颁发的 4000 多个精密计时钟表证书的雅典表，被众多海军部门视为理想的导航仪器。

医用计时码表

单按钮计时码表，计时按钮与上链表冠同轴，黄金表壳，手动上链机芯，表盘带有医用刻度，约 1930 年

双按钮计时码表

手动上链腕表，白金表壳，1942 年

175 周年单按钮计时码表

手动上链单按钮计时码表，黄金表壳，20 世纪 30 年代表款的复刻版，限量175 枚，1998 年

开篇：
小秒针腕表

手动上链腕表，精钢表壳，铰接式表耳，约 1910 年

从左至右：

Astrolabium Galileo Galilei
伽利略星盘腕表，天文表，黄金表壳，
1985 年

Tellurium Johannes Kepler
克卜勒天文腕表，天文表，铂金表壳，
1992 年

Planetarium Copernicus
哥白尼运行仪腕表，天文表，黄金表
壳，1988 年

19 世纪末，制表厂迁至力洛克（Le Locle）的花园大街（Rue du Jardin），随后这里成为品牌总部，尤里斯之子保罗·大卫·雅典（Paul David Nardin）沿袭了家族传统，为企业的技术和商业发展作出了巨大贡献。20 世纪，品牌推出了首批计时腕表，与此同时，一些极具美学严谨性的自动机芯和手动上链机芯表款也相继问世。在 20 世纪六七十年代之交，随着日本制造的石英机芯在全世界推广，

雅典表经历了严峻的危机，传统机械钟表受到电子钟表的重创，和其他瑞士制表企业一样，被迫关门大吉。

1983 年，企业迎来转折：罗夫·史耐德（Rolf W. Schnyder），这位活跃于东南亚的瑞士企业家，依旧折服于雅典表品牌的高贵魅力，决定收购品牌并接管公司。带着创造力和想要惊艳众人的愿望，史耐德从零开始，致力于创作具有创新技术和美学特色的腕表。

Aqua Perpetual
自动上链万年历腕表，精钢表壳，防水深度 300 米，橡胶表带

Marine Perpetual
自动上链万年历腕表，精钢表壳和表链

与路德维希·欧克林（Ludwig Oechslin）——这位杰出的机械学、天文学和考古学爱好者的相遇，让史耐德找到了自己雄心壮志的理想诠释者。1985 年，Astrolabium Galileo Galilei 腕表横空出世，它不可思议的精密与复杂结构世无其二；1988 年，Planetarium Copernicus 腕表诞生；随后 Tellurium Johannes Kepler 腕表问世，"时计三部曲"以极致的精确度和丰富的细节向我们讲述了天文学的奥秘。欧克林在经典的复杂功能中大胆尝试：1994 年兼具实用性和功能性的 GMT+/ 腕表诠释了双时区功能；Perpetual Ludwig 鎏金系列万年历腕表，所有的显示功能都能够通过上链表冠向前或向后操作来调校（传统的万年历腕表只能够向前调校）；而 Freak 腕表和 Sonata 腕表则完全是欧克林天马行空的实验结果，分别展示了搭载前所未

有的新擒纵机构的机芯和响铃及倒计时功能的 GMT 腕表。

Freak
手动上链腕表，具有 8 天动能，配备采用双脉冲擒纵机构的卡罗素陀飞轮，玫瑰金表壳，2001 年
上图：表盘上方可见机芯

Sonata
双时区腕表，大日期窗口显示，带有倒计时和闹铃功能，自动上链机芯，白金表壳
下图：表盘展示

Genghis Khan
陀飞轮腕表，带可动人偶三问报时和威斯敏斯特钟鸣，自动上链机芯，玫瑰金表壳，缟玛瑙黑色表盘，珍珠纹表圈，限量 30 枚，2002 年
下图：机芯细节，前景为陀飞轮

宇宙表独具风格的计时码表，是 20 世纪 40 年代和 50 年代的主角。Tri-Compax、Aero-Compax 和 Dato-Compax，这些响亮的名字不禁让人想起宇宙表经久不衰的美丽与精致。

宇宙表

Universal Genève

　　1894 年，宇宙表品牌诞生于瑞士力洛克。正是在这座小城，尤里斯·乔治·佩雷（Ulysse Georges Perret）和努玛·埃米尔·德斯科姆（Numa Émile Descombes）创立了一家名为 Universal Watch 宇宙表的小公司，不久之后，后者被路易斯·伯杜（Louis Berthoud）替代。最初，宇宙表致力于怀表的制作，1917 年推出了第一款计时腕表，同年，公司迁至日内瓦。在 20 世纪 30 年代的经济危机中，公司创始人的后代将企业转手于一群投资人，在投资人资金的加持之下，宇宙表成为一个具有巨大发展潜力的企业。技术创新是品牌的特色之一，除 Compur 系列计时码表之外，Compax 腕表是宇宙表在机械制表界最为成功的系列腕表之一。1936 年，第一款计时码表 Compax 问世，具有双按钮（一个按钮用于启动 / 停止，可以多次重新启动和停止指针，而另一个按钮仅用于重置操作）和小时计时累加计算功能，能够超过分钟计时器先前设置的时间测量限制，计时刻度为 30 分钟或 5 分钟。

开篇：

Aéro-Compax

从左至右：
黄金材质计时码表，约 1940 年；
精钢材质计时码表和黄金材质计时码表，
约 1950 年；
精钢材质计时码表，带双时区功能，
约 1960 年

Compur
金质方形表壳计时码表，
约 1940 年

Compur
金质圆形表壳计时码表，为
爱马仕制作，约 1940 年

Polerouter
精钢表壳潜水腕表，内部带
刻度的旋转表圈，约 1960 年

Compax

飞行员计时码表，
精钢材质，双时区
显示，约 1940 年

Militare

意大利空军计时码表，精
钢表壳，带飞返功能，
专为 Cairelli-R 制作

Tri-Compax

精钢材质计时码表，带
日历和月相显示，约
1950 年

Tri-Compax

黄金材质计时码表，
带日历和月相显示，
约 1950 年

品牌的制表发展以一系列计时码表为代表：Uni-Compax，表盘上没有小时计时盘；Aéro-Compax，搭载专利装置，通过在表冠对称位置的一个附属表冠来调节位于12点钟位置的辅助小表盘的指针：当位于准确的时间时，指针保持静止，而对腕表运行不产生任何干扰，因为该显示功能仅作为视觉提醒，例如提醒约会时间（也被称为Momento 计时码表）；DatoCompax 计时码表，位于12点钟位置的小表盘作为日期指针显示；而最著名的表款当属Tri-Compax，这款计时码表是1944年为庆祝宇宙表公司成立50周年而制造的：具有三个计时盘，还具有全日历功能（小窗口中显示月份和星期，指针指示日期）、月相和测速刻度——呈现史诗级的制表风格。而非计时码表表款也在宇宙表的创新能力下脱颖而出：1954年推出的Polerouter 腕表，由杰罗·尊达设计，采用防磁表壳，搭载Microrotor 自动机芯（机芯中具有偏心摆陀）。Polerouter 腕表的推出本意在满足欧洲和美国之间极地航线的需求，之后推出了多个不同版本。

随着70年代电子手表的盛行，宇宙表成为宝路华手表公司在欧洲的子公司，致力于石英机芯的开发。1988年，这家瑞士企业被中资公司宝光实业控股，专注于复刻复古经典表款。1994年，在品牌诞生100周年之际，宇宙表推出了Golden Janus——一款具有可翻转表壳的双时区腕表。

Cloisonné
两枚黄金彩色珐琅腕表，分别带有
古埃及地图和圣女贞德骑马的形
象，约1950年

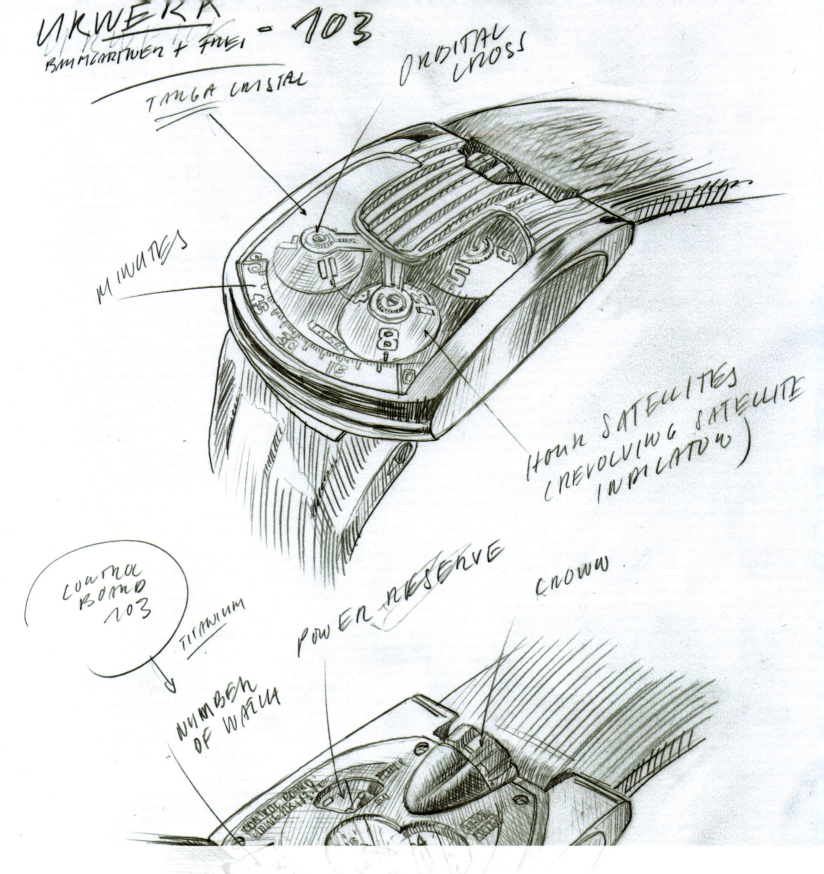

URWERK
BAUMGARTNER + FREI - 103

TANGA CRISTAL

ORBITAL CROSS

MINUTES

HOUR SATELLITES
(REVOLVING SATELLITE
INDICATION)

CONTROL BOARD 103

TITANIUM

POWER RESERVE

CROWN

NUMBER OF WATCH

Urwerk 代表着梦想成真：完全天马行空的设计风格，让人忘却时间机械原本的形状。

和域表

Urwerk

1995 年，设计师马丁·弗雷（Martin Frei）与制表师鲍姆加特纳（Baumgartner）兄弟托马斯（Thomas，后来退出公司）和费利克斯（Felix）的邂逅，促成了 Urwerk 品牌的诞生，Urwerk 也从此成为时间领域充满吸引力的当代冒险精神的代表。品牌的名称源自古老的乌尔城（Ur，在这里，6000 年前的苏美尔人将太阳年划分为 12 个月），再结合 "werk" 一词（在德语中意为创造、制作、塑形）。Urwerk 的风格从不平庸，充满着未来主义，自 1997 年以来，这种风格一直引领着这家瑞士制表厂，其创新和前卫的腕表层出不穷。Urwerk 作品中永远都饱含对大师的致敬：以坎帕

URCC1
自动腕表，秒钟线状显示，小时和分钟线状和逆跳显示，限量 25 枚

UR103
机械腕表，43 小时动力储存，卫星转碟式小时模块，轨道运行

尼（Campani）兄弟在 17 世纪制作的 "夜钟" 为灵感的 UR101 腕表，代表小时的阿拉伯数字在一个专门的扇区上移动，以天马行空的极致想象力，显示着分钟的流逝。

UR101 表款的不断演变推动着 Urwerk 不懈的技术改进，UR102 和 UR103 相继问世，卫星转碟式时间显示独树一帜，时针幻化为真正的时间转盘。以数字 UR110 和数字 200 所代表的系列腕表，打开表盘，传输装置、凸轮和杠杆全部映于眼前，由齿轮控制的复杂运动，将立方体、伸缩指针和其他部件转换为精确的小时和分钟时标。

UR110
自动腕表，小时和分钟卫星式显示，集成指针，日/夜显示

开篇：
UR103 表款设计图

作为制表界历史最为悠久的品牌之一，江诗丹顿以最高品质要求、最严格机芯标准打造每一枚腕表，表达其高端制表的使命。手动上链超薄腕表，是江诗丹顿的代名词。

江诗丹顿 Vacheron Constantin

在 1755 年的日内瓦，让－马克·瓦什隆（Jean-Marc Vacheron）创立了制表工坊，每一件钟表的表盘和机芯上，都带有其签名。自成立伊始，扩张商业版图就是公司的重要目标，进入了包括俄罗斯、意大利和美国在内的众多市场。1819 年，志同道合的弗朗索瓦·江诗丹顿（François Constantin）和瓦什隆携手创立了 Vacheron Constantin 江诗丹顿（最初，品牌名为 Vacheron&Constantin，1974 年，取消了品牌名称中的连接符号"&"）。1839 年，乔治·奥古斯特·莱肖特（Georges Auguste Leschot）加入公司，由其发明的比例绘图仪，为制表零件的生产工艺带来了革命性的变革。莱肖特在 19 世纪的机芯研究领域留下了不可磨灭的印记，使得上链系统和擒纵机构得到了显著改进。

1880 年，江诗丹顿将马耳他十字注册为品牌的商标。1911 年，推出了首款女士腕表，两年后，男士腕表问世。在第一次世界大战期间，品牌成为美国和英国司令部的计时码表和指南针供应商。也正是在此时期，品牌开始生产多种类型的腕表，以满足公众对这种时计日益增长的需求。而这场流行的演变，使怀表在 20 世纪 30 年代快速且势不可当地衰落。1917 年，江诗丹顿推出了首枚计时码表，带有 30 分钟计时盘和与上链表冠同轴的计时按钮。对美学的探索成为江诗丹顿的绝对追求：拥有独特轮廓线条的长方形和方形腕表也因此诞生，表盘或严谨或几何的风格搭配精心设计的罗马数字和阿拉伯数字，充满了想象力；珍贵表款更是以彩色珐琅彰显其精美。在最具创意的时期，江诗丹顿表款中可以看到 Art

Cioccolatone

自动腕表，方形黄金表壳，曲面轮廓，约 1950 年

开篇：

Cronografo

双按钮计时码表，手动上链，玫瑰金表壳，水滴形表耳，约 1930 年

Anni Venti

手动上链腕表，异形线条黄金表壳，阿拉伯数字表盘，约 1920 年

Deco 艺术装饰风格和东方风格几何元素的身影，此时恰逢与 Verger 合作，在 20 世纪的 20 年代和 30 年代，从台钟到怀表再到腕表，在工艺技术上，这家珠宝商将江诗丹顿的机械钟表变成了真正的艺术品。江诗丹顿不断创新，表款设计从双按钮计时码表、无比优雅的全日历和万年历腕表，到具有三问报时功能的精致机械时计。除了在高端制表中使用的传统贵金属之外，江诗丹顿偶尔会使用精钢，而极少数的腕表中则使用了铝。自 1938 年起，品牌由乔治·克特雷尔（Georges

Cioccolatone

自动腕表，带全日历和月相，曲面方形黄金表壳，约 1950 年

Le ore di forma

两款手动上链腕表，长方形黄金表壳，表壳侧面及表耳均具有几何元素装饰，弧形表镜，约 1950 年

Ketterer）接手管理，作为江诗丹顿灵魂人物执掌公司长达 30 年。在 1955 年品牌创立 200 周年之际，世界上最薄的手动上链机械机芯问世，厚度仅为 1.64 毫米，创造了制表史上的新纪录。

在 20 世纪六七十年代之交，除了传统制表之外，品牌也开始生产一些石英机芯的表款。1972 年，凭借一款不对称表壳的 Structura 腕表，江诗丹顿被授予了"法兰西荣誉证书"。这枚 1972 年的腕表系列在 20 世纪 90 年代再版，并推出多个不同版本。七年之后，江诗丹顿表壳、表盘、表链精心镶满钻石的 Kallista 腕表，以其约 500 万美元的估值，震惊了当时的腕表界。1984 年，江诗丹顿转至沙特酋长艾哈迈德·扎基·亚马尼（Ahmed Zaki Yamani）的名下；1996 年，又由当时的 Vendôme 集团收购。江诗丹顿多款腕表彰显出品牌的独特创意：Les Essentielles 系列，拥有手动上链机芯的超薄腕表（厚度仅为 1.2 毫米）；Les Historiques 历史名作系列，将品牌的历史杰作重新演绎；Les Complications 系列，囊括了万年历、三问报时、陀飞轮等复杂功能。

左侧：

Calendario Completo

弧面长方形表壳腕表，带全日历和月相显示，约 1930 年

右侧：

Cronografo

双按钮计时码表，玫瑰金表壳，手动上链，带脉搏刻度和测速刻度，约 1940 年

Ripetizione Minuti

手动上链腕表，黄金表壳，钻石时标，配备三问报时功能，约 1950 年

Ultrapiatto

手动上链超薄腕表，黄金表壳，针状时标，约 1950 年

Quadrante in smalto

手动上链腕表，黄金表壳，彩色珐琅表盘，约 1950 年

1996 年，江诗丹顿 Overseas 纵横四海系列问世，这是一款配备精钢表壳和表链的运动型腕表，具有完美的防水性能，即使在上链表冠未旋入底座的情况下，也能保证其防水性。在女士腕表中，全新打造的精美珠宝腕表 Kalla 系列和 Egérie 伊灵女神系列脱颖而出；而为绅士们打造的时计中，应用最现代的工艺技术，以全新尺寸和机芯性能，重新诠释经典。

2005 年，为庆祝品牌成立 250 周年，江诗丹顿推出了四款限量版腕表杰作：Tour de l'Ile 腕表，SaintGervais 腕表，Métiers d'Art 艺术大师系列腕表和 Jubilé 1755 腕表。其中，Métiers d'Art 艺术大师系列有 12 个收藏套装，每个套装中包含 4 枚腕表，采用珐琅装饰表盘。Tour de l'Ile 腕表集品牌所有制表工艺的财富于一身，制作这款腕表需要 10000 小时的工时，其工艺技术难度无可比拟，其手动上链机芯由 834 个部件组成，玫瑰金表壳版本限量仅 7 枚。Tour de l'Ile

Ultrapiatto
超手动上链超薄腕表，黄金表壳，
罗马数字表盘，约 1950 年
上图：超薄机芯
下图：表盘侧面，突显了腕表的
精妙之处

腕表正面表盘和表底表盘的双表盘
上，能够显示最完整的天文信息（除
了万年历和时间等式外，通过天象图，
能够再现从地球上观察到的星星的位
置），毫不吝啬地展示出经典制表的
极致复杂功能。Saint-Gervais 腕表兼
具陀飞轮和万年历功能，具有相当于
250 个小时的超长动力储存，专为品
牌周年纪念这一重要时刻而打造。而
限量 1755 枚的 Jubilé 1755 腕表，将
品牌的优势之一——动力储存再次推
向巅峰。

Saint-Gervais

陀飞轮腕表，带万年历，250 小时动力储存，
铂金款，限量 55 枚，2005 年

Tour de l'Ile

多功能腕表，玫瑰金表壳，
双表盘显示，限量 7 枚，
2005 年
下图：表壳背面

与这些腕表一同闪亮登场的是 L'Esprit des Cabinotiers 台钟，这款独一无二的孤品，向 18 世纪日内瓦制表大师的才华致敬。这款台钟拥有一个由青金石、缟玛瑙和黄金制成的底座，底座上为一个手工雕刻的玫瑰金球体，通过一个神秘的开启装置，球体一分为八，露出时钟。该台钟具有万年历、双时区、时间等式、黄道星座、温度计和鸣响。

Jubilé 1755

带动力储存显示腕表，星期和日期指针指示，限量发行 1755 枚（铂金表壳款 252 枚，黄金款、白金款、玫瑰金款各 501 枚）

下图：江诗丹顿 2475 机芯，自动上链，Jubilé1755 的机械核心，2005 年

Quai de l'Ile

万年历腕表，带逆跳日期和月相，
白金表壳，自动机芯

Malte

手动上链机芯，带陀飞轮和日内瓦印记，
玫瑰金酒桶形表壳

Historique American 1921

历史名作系列American 美国 1921腕表，
玫瑰金枕形表壳，喷砂效果表盘，彩绘
数字，手动上链机芯

Patrimony Traditionnelle Ore del Mondo

自动上链机芯，全时区对应城市时间
显示，玫瑰金表壳

Patrimony Contemporaine

逆跳指针星期和日期显示，带有日内
瓦标志，自动上链机芯，玫瑰金表壳

Métiers d'Art
灵感来自于荷兰艺术家埃舍尔（Escher），白金表壳，珐琅装饰表盘，自动机芯，限量 20 枚

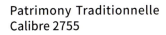

Patrimony Traditionnelle Calibre 2755
带三问报时和万年历功能，动力储存显示，陀飞轮机械机芯，铂金表壳，蓝宝石水晶表底

　　在江诗丹顿开启历史的第二个 250 年中，我们见证了具有非凡创意的系列腕表的诞生。Métiers d'Art 大师工艺系列，凝聚工匠才华，诠释世界艺术之杰作，2007 年以 Les Masques 面具腕表呈献。日内瓦的巴尔比耶－穆勒（Barbier–Mueller）博物馆藏品中的古老面具，通过黄金浮雕在精致的表盘上忠实再现。Symbolique des Laques 蒔绘腕表，采用源自京都象彦（Zôhiko）品牌精雕细琢的日本漆器工艺；Chagall & l'Opéra de Paris 腕表，采用大明火珐琅装饰表盘；在 Les Univers Infinis 无限宇宙腕表中，结合雕刻、珐琅和宝石镶嵌，再现了摩里茨·科奈里斯·埃舍尔（Maurits Cornelis Escher）充满幻想的画作，成为 Métiers d'Art 大师工艺系列的后续杰作。江诗丹顿也是纯粹的技术品牌，2008 年推出的 Quai de l'Ile 腕表成为第一枚高端制表的概念腕表，其枕形表壳融入当代风格元素，更具个性，且得益于这家瑞士品牌开发的特殊软件，顾客能够根据自己的意愿选择七种元素，组合成独特的表壳。

　　Patrimony Traditionnelle 世界时间腕表，专门为工艺爱好者打造，通过上链表冠调时，并能够显示全球所有 37 个时区，包括以 24 小时时区为基础的相差半小时或 15 分钟的时区。

梵克雅宝

Van Cleef & Arpels

作为备受推崇的高端珠宝品牌，梵克雅宝自
20 世纪伊始便已享誉世界。20 世纪 30 年代，
梵克雅宝进入制表界，直至今日，其打造的
每一枚腕表都如珠宝般稀有且精致。

梵克雅宝身为法国品牌，腕表却拥有瑞士原产地认证。1906 年，梵克雅宝由阿尔弗莱德·梵克（Alfred Van Cleef）和艾斯特尔·雅宝（Estelle Arpels）在巴黎芳登广场 22 号创立。这里是享有盛誉之地，是世界级的豪华沙龙，是名人贵士的聚集地。在那个年代，名流富豪们在巴黎的精品店中寻觅精美的珠宝，在深受法国贵族喜爱的度假胜地多维尔、勒图凯、尼斯和蒙特卡洛流连忘返。1942 年，梵克雅宝登陆纽约，踏上国际化之路，1974 年在日本开设精品店，1994 年来到中国，在上海首次亮相。在雅宝家族的长期执掌之后，1999 年，公司被历峰集团收购。梵克雅宝一直以高级珠宝而驰名，20 世纪 30 年代起，梵克雅宝也投身于制表界，并推出

开篇：

Cadenas 女士腕表
在梵克雅宝珍藏档案中的
一张图样，1935 年

Cadenas

黄金表壳与表链，红宝石装饰，手动上链，倾斜式表盘，1939 年

Complications Poétiques

诗意复杂功能系列 Lady Arpels Pont des Amoureux 腕表，白金钻石腕表，自动机芯时间由桥上移动的人物来显示，2010 年

Passe Partout Secret watch

珠宝腕表，黄金和白金材质，红宝石、黄色蓝宝石和蓝色蓝宝石装饰，手动上链，1939 年

Lady Arpels Planétarium

自动上链腕表，白金和钻石表壳，带有行星显示的砂金石表盘，2014 年

Ludo Secret

黄金腕表，手动上链，表盘隐藏在钻石和蓝宝石的搭扣下，1949 年

Pierre Arpels PA49

黄金腕表，手动上链机芯，PA49 原型腕表的完全复刻版，2003 年

了受人瞩目的表款。为了避免上流社会的女士在公共场合查看时间的不雅，Cadenas 系列腕表表盘采用倾斜设计，半隐藏在精美的异形表壳之中。这是一枚真正的珠宝腕表，被"锁"在极致优雅的手链当中，常以镶嵌宝石为饰，其创新设计于 1935 年获得专利。而 PA49 腕表则是一款男士腕表，拥有精美浑圆的表壳，与表带相连的特殊表耳，风格打破常规。这款腕表的名称来自于其创作者皮埃尔·雅宝（Pierre Arpels）的首字母，1949 年推出的表款为黄金表壳，白色珐琅表盘和黑色表带。2006 年是另一个极为重要的时刻，适逢品牌成立 100 周年，Complications Poétiques 诗意复杂功能系列的首枚腕表问世。在这枚腕表中，梵克雅宝展现了机械想象力的独特魅力，将精湛工艺、创造探索和神奇的读时方式完美糅合，打造了一款举世无双的杰作。

自 1865 年以来，真力时将传统与创新相结合，不断寻求发展。机芯的开发和生产技术的更新，为其带来了丰硕成果。

真力时 Zenith

真力时起源于 19 世纪。1865 年，乔治斯·法福尔 - 杰科特（Georges Favre-Jacot）在力洛克创立了自己的第一个制表工坊。他采用了制表界为数不多的制表方法和系统，其中就包括不同机芯的零件可完全互换。创业成功之后，业务发展和扩张也随之而来。由于品

Cronografo

单按钮计时码表，黄金表壳，上链和调时表冠位于 12 点钟位置，约 1920 年

Diamanti

自动计时码表，El Primero 机芯，钻石镶嵌表圈，约 1970 年

Spigoli

自动计时码表，El Primero 机芯，精钢表壳，拥有尖角元素，约 1970 年

Militare

机械计时码表，精钢表壳，泵式按钮，专为意大利空军制作，约 1960 年

开篇：

Chronomaster

自动计时码表，El Primero 机芯，带日历和月相，约 1990 年

牌的名称都与当时所制作的机芯名称紧密相连，真力时这一名称，直到制表工厂普遍之后才得以使用。依据高品质多样化的原则，在力洛克的制表工坊中，种类繁多的怀表、腕表、航行用精密计时器和座钟诞生了，同时也带来了品牌的显著发展。精确可靠的真力时钟表广受认可，在巴黎、米兰和巴塞罗那世博会以及其他国际赛事中斩获众多奖项。

品牌聚焦于两种类型的产品，精密计时器和计时码表，二者因词汇相近经常被混淆，然而在功能性和特征上却截然不同：精密计时器是具有规律运行性能的时计，其特点是偏差极小，能够通过精度测试；而计时码表则能够测量短时间、部分时间或总时间，并通过表盘上搭配和谐的计时盘和指针来显示。因此，计时码表是品牌生产策略的主打产品之一。值得一提的是，在第二次世界大战期间

20世纪初期的，真力时制表厂中正在工作的员工们

El Primero Espada

自动腕表，精钢材质，摆轮振频 36000 次 / 小时，防水深度 100 米

及战后，真力时为法国空军、英国海军和意大利空军制作腕表。1969 年 El Primero 星速机芯的推出，是真力时技术研究成果的重要时刻：这是第一枚整合式自动计时码表，以 36000 次振动 / 小时的振频运行（这是机械腕表使用的最高频率），此外，其构造是另一大亮点，计时码表与自动上链装置完美结合。20 世纪 70 年代的危机推动了真力时对石英技术的投入，然而对优质机械腕表的回归仅仅起到延后的作用：1989 年，El Primero 恢复生产，1994 年，真力时推出了精准、可靠、超薄的自动机芯 Elite 机芯。之后经典表款和运动表款交替更新，产品线也愈加丰富。

Chronomaster Open

自动计时码表，搭载 El Primero 机芯，动力储存显示，精钢表壳，表盘上的小窗口可见内部机芯

1999 年，真力时迎来了转折点：公司加入世界级奢侈品帝国 LVMH 集团，朝着更高的目标精益求精。2009 年，蒂埃里·纳塔夫（Thierry Nataf）和让 - 弗雷德里克·杜福尔（Jean-Frédéric Dufour）以国际化的视角，对企业的宣传和国际战略进行了一场彻底的改革。全新腕表的推出使真力时的产品目录愈加丰富，运动型表款和经典型腕表平分秋色，其中不乏彰显卓越工艺水平的作品，将万年历和陀飞轮与 El Primero 机芯完美结合。

Capitain Winsor
自动计时码表，带日期和月份显示及 50 小时动力储存

El Primero 1969
自动计时码表，摆轮振频为 36000 次振动 / 小时

Pilot Doublematic
自动计时码表，带世界时间显示、闹铃和大日期窗口

El Primero Chronomaster Open
自动计时码表，带导柱轮装置和动力储存显示

Pilot Montre d'Aéronef Type 20

钛金表壳腕表，57.5 毫米直径大尺寸，手动
上链机芯，48 小时动力储存显示，精密计时
官方认证，限量 250 枚

词汇表

A

按钮： 插入腕表中壳的多形状部件。用于计时码表功能的启动和停止。

B

摆轮： 钟表的调速器，由一个表冠（平面式或旋入式）和数量不等的轴臂（一至四个）组成。摆轮通过摆动来调节齿轮的转动速度。摆轮的良好运转能决定腕表的规律运行。

摆陀： 重型部件，呈半圆形，随手臂的运动而摆动，在自动上链腕表中，通过发条盒的发条齿轮为腕表上链。

半成品机芯： 不完整的钟表机芯，机芯中缺少摆轮、擒纵机构、主发条、表盘和指针，但具备齿轮系统。随后，由购买半成品机芯的制表公司来完成机芯。

宝玑： 将这位伟大制表大师的名字作为形容词，来表示由宝玑所使用的腕表部件的特性，如宝玑指针、宝玑数字、宝玑游丝。

宝玑游丝： 由宝玑先生设计的游丝，游丝末端提升。

宝石轴承： 用宝石（红宝石、钻石、蓝宝石）或人造宝石（合成红宝石）制作的轴承，用于腕表机芯当中，以减少摩擦、降低磨损并更好地保留润滑油。

保养维护： 通过维修或定期检查，即使随着时间推移，也能保持腕表的高品质。

避震器： 由"受石"和红宝石轴承"穴石"构成的特殊系统，摆轮轴在避震系统中旋转，当发生冲击时能避免受损。最为知名的手表防震装置之一是因加百录（Incabloc）。

表带： 由皮革、针织、塑料、橡胶或其他材料制作的部件，用于将腕表固定在手腕上。

表耳： 表壳上用于连接表壳和表带的部件。

表镜： 嵌入在表圈中的透明材质，以保护表盘，或代替底盖以显露机芯。在制表业中使用多种不同类型的表镜：plexiglas（防碎塑料材质），矿物玻璃（具有良好坚固性的普通钢化玻璃）和蓝宝石水晶（由耐磨的合成刚玉制成）。

表壳： 内部容纳腕表机芯，并保护机芯免受灰尘、潮湿和碰撞的影响，同时赋予腕表更具吸引力的外观。表壳可以由两个或三个可分离的部件组成（表圈、中壳、底盖），可使用不同材料制成不同形状。在大多数情况下，运动腕表采用精钢表壳，而优雅的表款则采用黄金或铂金表壳。

表链： 金属制成的部件，用于将腕表固定在手腕上。

表盘：腕表中用于显示小时、分钟和秒钟的部分，也用于天文、日历或动力储存等功能的显示。

表圈：安装于中壳上用于固定表镜的环形部件。

铂金：制表时常用的贵金属。对于外部撞击和介质具有很高的耐受力，常用于制作表壳和表链。

C

超薄：厚度极薄的表壳或机芯。

成色：在合金中贵金属（如黄金、铂金）的重量与总重量的比值。成色通常以千分数或 K 来表示。纯金可以表示为 24K 金或千足金。

齿轮系：机械腕表的传送装置，由一系列相互啮合的齿轮组成，每个齿轮与其前后齿轮按照一定比例的速度转动。

氚：自发光物质，用于时标和指针，使腕表能够在黑暗中读取时间。

窗口式表盘：配备有一个或多个视窗，通过这些视窗显示日期、月份和星期。

COSC：瑞士官方天文台测试组织的缩写，位于拉绍德封，是瑞士联邦的机构，钟表在此进行必要的测试以获得官方天文台认证证书。

D

导柱轮：由两部分构成，下半部是棘轮，上半部是梯形垂直柱体。在计时码表中，导柱轮是各功能的"控制中枢"。

底盖：腕表的表壳背面，有揿扣式、螺丝式、铰链式，或旋入式固定于中壳上。

动力储存：在表盘或机芯的专门区域，显示腕表运行剩余时间的指针。

镀铑：一种化学工艺，通过在金属物体上镀上一层薄薄的铑膜起到保护作用。

F

发条盒：内部装有主发条的圆柱形部件。在腕表中，发条盒与第一个齿轮（上链轮）啮合。

法分：时至今日制表业仍然使用的古老的计量单位，用来表示机芯的尺寸：1 法分相当于 2.255 毫米。

珐琅：在制表业中，采用这种源自中国古代的珍贵多彩装饰工艺装饰表壳、表盘或底盖。最常见的工艺为掐丝珐琅（即景泰蓝）和内填珐琅。

珐琅表盘： 在铜、银或金质的基底上镶饰珐琅，通常带有饰纹。

方形： 用于表示方形表壳的术语。

防磁： 使用对磁场不敏感的材料制作钟表，更常见的是，机芯具有一个防磁装置，为高纯度铁（俗称"软铁"）材质的内罩，覆盖并环绕着机芯。

防水性： 以大气压表示，表壳能够抵抗水渗透的能力。

飞返： 计时码表的机制功能，在计时码表的大指针运行时，按下重置按钮，指针立即归零，而无须先进行停止操作；松开重置按钮，计时码表的指针重新开始运行。

分钟齿轮系： 将腕表的分钟齿轮（一小时完成一圈）的运动转化为小时齿轮（十二小时完成一圈）的运动。

分钟计时盘： 计时码表中的小表盘，上面显示大指针完成的转数（即分钟）。分钟计时盘可以分为以下几种：1. 连续计时：小秒针匀速连续运转；2. 瞬时计时：分钟计时盘的指针会在到达 60 秒时在分区上立即跳动；3. 半瞬时计时：在大约第 58 秒时指针开始移动，在第 60 秒时在下一个分区上跳动。其中第三种最为常见。

复杂功能： 在腕表中，除了小时、分钟、秒钟的显示之外，其他的附加显示功能。

G
高精准度调校： 标记在机芯上的术语，表明机芯在一个或多个位置进行调校。

G.M.T（格林尼治标准时间）： 横穿格林尼治天文台的本初子午线的时间。

龟背形： 酒桶形的演变，不同之处在于其呈喇叭形的表耳：表耳采用与表盘边缘高度相反的曲率，在表壳两侧形成正弦曲线走。

规范指针表盘： 一种表盘类型，最外圈为分钟表盘，小时表盘和秒钟表盘分别位于 12 点钟和 6 点钟位置。

硅： 非常坚固的抗磁材料，在制表业中用于制作最新一代的游丝和摆轮。

Gyromax 摆轮： 一种精密型摆轮，其表冠上装有一些空心的切割而成的微型惯性块。将惯性块向内转动，可调慢，反之则调快。

H
赫兹： 频率单位，符号为 Hz。用以表示每秒的周期性变动频率。

黄金： 在制表业中，这种贵金属具有延展性和耐腐蚀特性，用于制作表壳、表链、表圈、上链表冠以及机芯内的一些部件。

黄铜： 铜锌合金。在制表业中，用于制作齿轮、夹板和桥板。

J

玑镂： 雕刻的几何图案，由交叉并形成小菱形的线条组成，用于装饰表盘。

机芯： 构成手表功能部分的部件总和，分为机械机芯和石英电子机芯。

计时码表： 能够通过专门的指针来测量某一事件的持续时间。当事件开始时，按下按钮来启动指针，事件结束时停止指针；最后，需要将该指针归零重置。这里所述的计时码表，由凯世（Rieussec）于1822年发明。这款时计通过表盘上的小秒针记录时间，这项新发明的名称也由此而来："Chronos" = 时间，"Grapho" = 记录工具。这种类型的工具已经生产了很长一段时间，"计时码表"这一名称继续使用，但后来制造的这种工具不再配备墨迹式装置，将其定义为"瞬时计"可能更为恰当。计时码表的后续发展阶段要归功于瑞士人 A. Nicole，首先他通过为计时码表配备重置系统（1844年）使计时码表功能完善，随后他又将第一个计时码表机芯应用于怀表（1862年）。计时腕表的出现可以追溯至1910年，摩立斯（Moeris）开始销售计时腕表。计时码表的分类，很有可能与计时码表的控制连接系统相关，根据这一特性，可以分为以下几种：导柱轮计时码表、杠杆计时码表、梭式或凸轮式计时码表、摆动齿轮计时码表。

计时盘： 表盘内明确划分的特殊部分，通常为圆形，用于显示小时和分钟以外的附加信息。

校正按钮： 位于腕表中壳上的小按钮，可以调节日期、星期、月份和月相等功能。若要操作校正按钮，需要使用特殊的尖头工具，以不损坏按钮的精致轮廓。

精钢： 铁碳合金，主要用于制造腕表表壳。近几十年来，不锈钢——一种高强度的铁、铬和镍合金一直是首选材质。

精密计时器： 高精度的钟表，需获得天文台认证证书或由指定的国际天文台颁发的官方运行公报。

酒桶形： 特殊的"酒桶"造型，是"异形"腕表中独具特色的表壳形状。

K

卡罗素： 由丹麦制表师邦尼克森（Bonniksen）于1892年发明的装置，用于消除腕表在不同的垂直位置时出现的运行不规律。与陀飞轮类似，但其结构更简单。

刻度： 用于各种测量，通常沿着计时码表的表盘外圈标记。最常用的是用于计算车辆速度的测速刻度、用于测量心跳的脉搏刻度、用于测量从看到至听到某事件用时的测距刻度（例如雷电或炮击）以及用于航空飞行的滑尺。

口径： 在制表业中用于表示机芯形状、桥板、编号、机芯原产地和制造商名称的术语。

L

LCD： 液晶显示屏的缩写，指日本制造的石英腕表的代表性液晶表盘。

LED： 发光二极管的缩写，指早期数字石英腕表的大数字表盘。

猎人表： 一种带有金属盖以保护表盘玻璃的便携式时计。

镂空： 腕表机芯的不同部件（主夹板、桥板等）用雕刻刀挖空，表盘和底盖为玻璃表镜，这就使腕表具有了一定的透明度。时至今日，镂空一直都由手工操作完成。

螺丝摆轮： 表冠上带有一系列螺丝的摆轮，其功能是通过转动惯量的变化来调节走时的"快慢"。

轮： 在制表业中，轮是指用于机芯传动的带齿部件。是齿轮系、走时轮系和传动装置的一部分，可以根据其形状、位置或功能进行区分。

M

马耳他十字： 过去生产的一些腕表的发条盒盖上的一个装置，用于调节发条盒内发条的展开，限制其可使用的转数。

秒针： 国际上通常指计时码表的大指针。

N

闹铃： 独立于腕表的辅助装置，用指针来设定预期时间。当腕表运行到预期设定的时间，闹铃响起，小锤开始敲打表壳或专门的表铃。

年历： 能够读取 30 日或 31 日月份的腕表，需要调校二月的日期。

O

欧洲中部时间： 时区时间，比格林尼治时间早一小时，该时区时间被多数欧洲国家采用。

P

铍青铜合金： 铜铍合金，具有良好的机械特性（弹性、硬度、抗磁性）。铍青铜合金常用于制作摆轮。

频率： 机芯在单位时间内（1 秒钟）完成的振动次数。钟表的频率以"次 / 小时"或"赫兹"（每秒钟的周期）来表示。一个机芯的振频为 18000 次 / 小时，其频率相当于 2.5Hz。在制表业中，对于摆轮 / 游丝系统，调速装置的振动频率以"次 / 小时"来表示，对于石英腕表，以"赫兹"来表示。一次振动等于一个来回（一个来回对应的是擒纵轮齿的行程）。在制表业中，最常见的频率为 18000 次 / 小时（相当于 2.5Hz）、21600 次 / 小时、28800 次 / 小时和 36000 次 / 小时，28800 次 / 小时和 36000 次 / 小时频率的腕表可以被定义为高频腕表。对于石英腕表，振动频率为 32.768 Hz。

Q

桥板： 金属部件，在桥板内部固定于桥板上的一个轴承中，腕表旋转部件的上部枢轴在其中转动。根据在桥板下方转动的部件名称对桥板进行区分：发条盒桥板、擒纵叉桥板和摆轮桥板。

切角： 切割桥板上锋利的角，或者打磨孔的边缘的操作；用于高品质机芯生产。

擒纵叉： 擒纵机构中的装置，为精钢或黄铜材质，形状像锚。

擒纵机构： 腕表的分配机构，置于齿轮系和调速器之间。其功能是通过脉冲使摆轮保持运动，同时计算振动次数，然后通过齿轮组将其转化为时间指示。自机械表问世以来，已经设计了大约 200 种不同类型的擒纵机构，其中许多仍处于设计阶段从未投产。几乎所有腕表使用的都是瑞士擒纵叉式擒纵机构。

曲面： 表盘或表壳有着外凸或内凹的弧度。

全日历： 能够显示日期、星期和月份的腕表，在少于 31 日的所有月份，日期都需进行更新。通常，全日历功能中还具有月相显示功能。

R

日历： 腕表的表盘上除了显示时间之外，还透过视窗或借助指针显示日期。

日历计时码表： 具有计时码表功能的腕表，同时具有全日历或万年历功能。

日期窗口： 显示日期的附加功能。可以通过数字窗口显示，或者通过指针指示盘来显示。

瑞士制造： 根据 1971 年 12 月 23 日瑞士联邦委员会关于钟表使用"瑞士"名称的第 232119 号条例第 2 条规定，机芯在瑞士组装，由瑞士境内的制造商监管，至少 50% 的构造部件总价值在瑞士制造完成（不包含组装成本），则可被视为"瑞士制造"。

S

三问报时： 一种制表的复杂功能，能够通过操作中壳上的拨柄或按钮发出不同音色的鸣响来表示时、刻、分。

上链表冠： 圆柱形部件，为腕表上链并调整日期和时间。使用此功能时，需要将上链表冠从其位置上略微拔出。

生耳： 固定在表壳的表耳之间的小金属棒，用于连接表带或表链。可以是固定式的，焊接在表耳上，也可以是活动式的。

石英： 电子腕表的调速器。石英由氧化硅组成，具有极高且稳定的振频（腕表为 32.768 Hz，而机械表为 2.5—5 Hz）。由于石英压电效应，在电压下，石英以机械振动方式发生振动，振动次数取决于石英切割的尺寸和形状。石英会老化，随着石英老化腕表走时会变快。此外，石英对温度变化非常敏感：温度升高或降低，走时变慢。

时标： 在表盘上显示小时和分钟，风格化元素，可以是宝石或数字（阿拉伯数字或罗马数字）。

时间等式： 真正太阳时与平均太阳时的差值，可正可负。一年中仅有四天是整 24 小时，而太阳时可能会提前 14 分钟（2 月 11 日）或推后 16 分钟（11 月 23 日），

这一差异源于地球轨道的偏心率以及地球自转平面和公转的轨道平面的倾角。

时区： 通过经线将全球划分为 24 个时区，以便于所有国家都采用一个指定的时区时间，便于国际交流。

世界时间： 能够显示多个时区时间的腕表，在旋转表圈上标记有 24 个时区的参考城市。

饰纹： 用于美化腕表的一个或多个部分的艺术元素的总称。使用不同的机械工艺可以获得不同类型的饰纹效果：珍珠纹、粒纹、蜗形纹、日内瓦波纹和织纹。表盘则通过绘制或粗或细的线条和圆圈的工艺获得饰纹效果。

数字： 表盘中代表数字的字符。

数字显示： 通过数字来显示时间，而非传统的指针显示。

T

钛金： 基于钛金属所具有的坚固耐用和轻盈的特性，在制表业中被用于表壳和表链的制造。

调时： 调校腕表指针位置的操作。

跳秒： 跳秒装置能够使秒针在每秒钟跳动转动。得益于这一机械装置的使用，腕表看似由石英机芯来操控，实际上却是一种全机械机芯控制。

跳时： 腕表表盘上，通过专门的小窗口来显示小时和分钟。

天文台认证证书： 制表厂具有相同特性的腕表样品通过一系列的测试之后，颁发给该制表厂所有腕表天文台认证证书。

陀飞轮： 阿伯拉罕－路易·宝玑在 18 世纪末期发明并于 1801 年获得专利的装置。其作用为抵消因地心引力对摆陀的影响而产生的误差。由一个载有擒纵轮、擒纵叉和摆轮的活

动式笼架组成。笼架在一个变量周期内，围绕与摆轮相同的轴心进行自转，因此可以观察到，摆轮不断地改变位置，就如同整只手表都在自转，手表在某一位置上的走慢将与在相反位置上的走快互相抵消。陀飞轮极其精密，被认为是制表史中最为巧妙的机械装置之一。

W

万年历： 除了具有全日历显示之外，还能够自动计算只有 30 日的月份以及闰年的二月。机芯结构极为复杂，通常具有月相显示。

微调装置： 该装置的位置可调，能够通过调整游丝的有效长度来改变腕表的运行，调快或调慢。最为精密的微调装置为"鹅颈微调装置"，能够通过一个螺丝进行微调。

微型摆陀： 不似大多数腕表摆陀与机芯相叠加，而是将摆陀整合在机芯中以减少厚度。

X

小时计时盘： 显示自计时码表启动以来经过的小时数的小表盘。

旋转表圈： 可旋转部件，常置于表壳的中壳上。在旋转表圈上具有腕表所配备用途的显示，如潜水表在旋转表圈上标注有测量潜水时间的刻度。

Y

夜光表盘： 表盘中的数字或时标（包括指针）涂覆有可以在黑暗中自发光的物质。腕表最初使用镭来实现夜光，由于氡释放辐射而具有危险性，随后，被其他自发光材料所替代。

异形： 表壳除了经典的圆形外观之外的其他形状。

异形机芯： 指除了圆形之外的所有其他形状，如椭圆形、方形、长方形。

音叉： 在电子机芯中由一个小型音叉构成的调校装置。音叉的振动非常稳定，能够确保腕表具有良好的精确度。

印记： 在腕表机芯上的压印，代表该机芯符合官方指定的精确度。最为知名的是日内瓦印记，只有在特定地区制造的高品质腕表才可使用。

游丝： 以阿基米德螺旋线盘绕的极薄的金属丝，其作用是使摆轮运行周期均匀。

圆顶平底宝石： 圆形宝石或半宝石，用于装饰上链表冠。

圆形机芯： 最常见的机芯形状。

月相： 在配备有日历功能的腕表表盘上，以图形的方式来显示地球卫星的各个周期（俗称"月相变化"）。一个月相变化周期为 29 日 12 小时 44 分钟 2.8 秒，在腕表上将此周期缩短为 29 日 12 小时。

运动计时器： 能够测量某一事件的持续时间，通过按钮来操作指针的启动、停止和重置，不具备时间显示功能。计时器专为不同用途而设计，根据用途配备刻度或附加指示功能。

Z

振动： 摆轮从一个极限位置到另一个极限位置再返回起始位置的过程。一次振动是一个来回。

振频： 摆轮从一个极限位置到另一个极限位置的转动。调速装置每小时的振动次数是腕表分类的依据之一。腕表中常见的振频 "次 / 小时"（A/h）有：18000 次 / 小时、19800 次 / 小时、21600 次 / 小时、28800 次 / 小时、36000

次 / 小时。就理论上而言，在相同的构造精度下，振频数值越大，腕表的精准度就越高。

指针： 具有不同外形的细长部件，通常为金属材质，用于指示时间。

指针显示： 时间通过指针来显示，另一种为数字时间显示。

中壳： 表壳的中间部分。

主夹板： 作为桥板基座的金属板。主夹板上面带孔，腕表旋转部件的下部枢轴在孔中转动。

追针计时码表或分体式计时码表： 这种计时码表的特点是具有第二个计时指针，隧被称为"追针"。具有该复杂功能的腕表有三个按钮，其中两个按钮位于表壳上，而用于追针功能的第三个按钮与上链表冠同轴，位于表壳的其他位置。

OROLOGI DA POLSO

出 品 人：许　永
出版统筹：林园林
责任编辑：吴福顺
特邀编辑：张春馨
封面设计：刘晓昕
内文制作：石　英
印制总监：蒋　波
发行总监：田峰峥

发　　行：北京创美汇品图书有限公司
发行热线：010-59799930
投稿信箱：cmsdbj@163.com

创美工厂
官方微博

创美工厂
微信公众号

小美读书会
公众号

小美读书会
读者群